U0138399

西班牙葡萄酒

LOS VINOS DE ESPAÑA

林裕森
Yu-Sen LIN 著

INDEX

葡萄酒裡的西班牙時光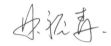

　　總算，可以為魅惑我多年的西班牙寫一本葡萄酒書。近十年來西班牙葡萄酒業史無前例的新變革，讓我找到了一些可以說服自己的理由。我用兩年的時間，四趟共七個多月，車行3萬2千公里，前往四十三個DO產區，拜訪兩百多家酒莊的旅行，以及重新歸零的積蓄，換來這本向我所愛的西班牙致敬的葡萄酒書。

　　我總認為，西班牙最迷人之處，常常出現在沾滿最多灰塵、最為世人遺忘的角落。葡萄酒的世界也是如此，也許因為被遺忘的時間夠久，當塵封老舊的西班牙酒業，開始被新的釀酒理念及技術輕抹擦拭後，意外地，卻散發出別處從沒有過的迷人光茫。

　　擁有多達120萬公頃、全世界最廣闊葡萄園的西班牙，曾經，是葡萄酒世界裡沉睡的巨人。在非常多的產區，即使現在看來條件相當優異，包括許多產量極低、種著珍貴老樹的葡萄園，在幾年前卻都還是採用粗放種植，生產廉價即飲的日常餐酒（Vino de Mesa）。釀成的大批成酒，如果不是散裝賣給鄰近的酒吧，就是以酒罐車賣到法國混合成毫無個性的平庸酒款。

　　因循於懶散粗疏的耕作，以及既有的簡易釀酒技術及設備，長年來因無能力改變而跟不上時代波潮的西班牙產區，卻因此與西歐其他產國間，築起一條別人無法通過的時光隧道。現在，因為過去怠惰、陳舊及不合時所積累成的時間力量，讓新一代的西班牙釀酒師，可以極輕易地就將這些致命的缺點，瞬間轉化成無人能比能及、既摩登新潮卻又深植於在地傳統的獨特風味。

　　在過去的十年間，西班牙的葡萄酒業像脫胎換骨一般，以超音速般的速度，成為全歐洲最有創意和活力的葡萄酒產國。在普里奧拉（Priorat）、多羅（Toro）、胡米亞（Jumilla）、Bierzo、Valdeorras、Campo de Borja和Arribes等這一長串多達數十個的新興產區裡，本地的酒莊，還有來自法國、

美國及澳洲等各地的釀酒師和投資者，以傳統在地的葡萄品種、老邁低產量的葡萄園，釀造出無數新式前衛，或者說，更符應國際風味的葡萄酒。在西班牙的歷史上，從來不曾在如此短暫的時間內，從北到南，幾乎遍及全國每個新舊產區，倏地出現數目如此龐大的全新酒莊，有如重寫歷史般地，釀成數以千計全新風格的葡萄酒。

短短的十數年之間，西班牙讓世人見識到老邁的歐洲葡萄酒業，也能有如此生氣淋漓的驚人活力。在法國和義大利，也許需要一、兩個世代的時間才能建立一個產區或一家酒莊的名聲，但在西班牙，因有太多現成的百年老樹葡萄園、別處少有的原生品種，以及相當容易就能釀成投美國酒評家之所好的自然條件，成名常常只是兩、三年間的事。許多新銳酒莊連酒廠都還沒蓋好，就已經在租來的酒窖裡釀出極精采的酒來。即使連新世界產國都沒有如此旺盛的活力。

很多人稱此為西班牙葡萄酒業的復興運動，這場可能是有史以來全球規模最大的葡萄酒變革，至今都還看不出有歇止的跡象。不僅每年前仆後繼地出現全新酒莊和酒款，而且每年，也不斷會有幾乎消失、不為外人所知悉的稀有地方品種被重新發掘出來。在釀造更新潮的葡萄酒風格時，也開始有更多的葡萄酒能夠以現代的技術，精確地表現出當地的地方風味，這讓西班牙的葡萄酒風格不只比以往更多樣，也更獨一無二。

也許，有人會認為現在的西班牙像是一個新世界產國。但不同的是，因為身處最適合葡萄生長的南歐，西班牙有著極為漫長的葡萄酒歷史，葡萄的種植和釀造在千年前就已經廣及全國大部分的土地。更為關鍵的是，西班牙各自治區都有自成一格的多樣生活方式，在巴斯克（Vasco）、加泰隆尼亞（Cataluña）、加利西亞（Galicia）和瓦倫西亞（Valencia）甚至還自有獨立的語言及文化。即使是再新穎的西班牙酒，都很難完全自外於這樣的文化底蘊，單單流於世俗和商業。

不過，真正牽引著我，讓我不得不完成本書的動力，並不是這樣的西班牙。反而是那些完全自外於烽火四起的葡萄酒革新風潮，依舊極端守舊、全然蒙塵過時的那一面。在我的心中，這是最能魅惑人心，也最值得珍惜的西班牙瑰寶。在這場葡萄酒業的復興運動中，最值得慶幸的，是仍然有許多珍貴的傳統風味像產自南部安達魯西亞的雪莉酒（Jerez）、馬拉加酒（Málaga）和Montilla-Morilles加烈酒，或如產自東南部瓦倫西亞的Fondillón加烈甜紅酒，以及利奧哈（Rioja）老式的Gran Reserva紅酒，都能夠幾近原封不動被完整地保留下來。新舊交錯及古今雜陳，也許正是當下西班牙葡萄酒風景中最引人的地方。

　　雖然這些老式的西班牙酒看似與時代脫節，銷路日漸下滑，價格更是一蹶不振。但這些酒或製法奇特，或需極漫長的時間培養熟成，瓶中似乎還多裝著一些神奇的魔力，除了西班牙，沒有別的地方可以釀出這樣的酒來，特別是，從這些酒中，我找到了西班牙最迷人、因老式過時才得以顯現的時光滋味。

　　第一次在法國喝雪莉酒時，我從來沒有料想過會像現在這般迷戀上精巧細膩的Fino雪莉酒。直到十年前，當我第六次前往西班牙旅行，開始流連安達魯西亞的塔巴斯酒吧，迷上鬥牛和佛朗明哥歌唱之後，Fino雪莉酒才成為我最心愛的西班牙白酒。但是，這卻也是最難讓我身邊的朋友理解，或真心喜愛的葡萄酒。它像是一把鑰匙，讓我輕易開啟了進入西班牙美味國度的大門，但這道門似乎不是為每一個人敞開。這是第一次我不知該如何將書交到讀者的手上，我只能衷心地期盼，透過這本書，這股西班牙的魔力也能發生在你的身上，終究有一天，你也會迷戀上雪莉酒。

利奧哈 LA RIOJA

調配各方似乎正是利奧哈在地理和人文中的特長。

過去利奧哈得以成為西班牙酒業的經典，

調合多種葡萄及產區正是成功的關鍵。

而現在，在嚴守傳統到幾近食古不化的同時，

利奧哈卻能容下大膽前衛，不只有許多革新成就，

而且有西班牙最擅長的融會古今，不只在酒裡，

這裡的酒莊風景更是如此。

利奧哈 LA RIOJA

大部分不是出生在西班牙的人，第一口喝到的西班牙葡萄酒大多是產自利奧哈（Rioja）的紅酒。我也不例外。如果沒有雪莉酒（Sherry），利奧哈紅酒應該是我在西班牙的最愛。我這樣說也許很多人要抗議，西班牙葡萄酒業近十多年來如鬧革命般，多出了那麼多新式葡萄酒而成為國際酒業的焦點，利奧哈不會太老氣了嗎？

確實，利奧哈過去一直以出產經長時間橡木桶培養的紅酒聞名，除了莓果香氣，經過桶藏的利奧哈紅酒常有香草、烤麵包、奶油、毛皮和咖啡等香氣。那確實相當老式！顏色淡，口感不是特別濃厚，且酒莊還很盡職貼心等酒熟成好了才上市。

在瞬息萬變、商業流行的時代，還有這麼老式味道和賣酒的方式，其實已不太多見了。現在利奧哈還有些守舊的酒莊生產最陳舊風味的Gran Reserva，橡木桶存了兩、三年，甚至七、八年，裝瓶後最少再儲存三、

● 老式的利奧哈紅酒經常在老舊的橡木桶中培養很多年才裝瓶

● Logroño市的Laurel街，每晚有成千上萬公升的利奧哈葡萄酒在此被大口喝盡

● López de Heredia 酒莊窖藏八百萬瓶的葡萄酒,但為了等酒成熟才開賣,每年只上市五十萬瓶

四年,甚至八、九年才會上市,比起還沒釀好就要付錢預購的頂級波爾多(Bordeaux)更讓我感動。這些老式利奧哈完全不需買回家再等二十年。馬上開瓶就能體驗正值成熟的香氣,陳年的梅子、熟透的果香,伴隨著菌菇、苔蘚及枯葉的氣息,有如走進秋季溼冷森林般氤氳迷人。

利奧哈是西班牙最知名的葡萄酒產區,1991年成為西班牙第一個DOCa(Denominación de Origen Calificada;法定產區認證)等級的產區。但利奧哈也可能是最被誤解的葡萄酒鄉。也許你也跟我一樣,常聽說在西班牙酒業中,利奧哈因老舊陳腐已今不如昔。但十四年來,我去了七趟利奧哈,看到的利奧哈卻是在嚴守傳統到幾近食古不化的同時,能容下大膽前衛,是一個有最多創新成就的葡萄酒產區,即使放在全世界葡萄酒地圖上,也完全不愧這樣的頭銜。

不只酒的風格如此,利奧哈作為世界級的酒鄉更是如此,在利奧哈美麗壯闊的葡萄園鄉野,以及古樸的中世紀酒村之間,偶而參雜著如自外太空直接墜落下來的前衛酒莊建築。因極端的古今雜陳所散發出的利奧哈風貌,提供一個彷彿在時光中來回穿梭、連通新舊世界的奇妙經驗。

● Elciego村和百年老廠Marqués de Riscal酒莊於2007年完工的葡萄酒城

新舊交雜正是現在西班牙葡萄酒最迷人的地方，在革新風潮中，利奧哈也誕生了許多新式風味的前衛酒款，逐漸多出一些新意，卻還依舊保有西班牙相當少見的優雅和細緻風味。對我來說，除了這裡簡單自然卻十分友善好客的人情，這應該比什麼都來得珍貴。這正是利奧哈會成為這次西班牙計畫起點的最重要原因。

● 飽含水氣、涼爽的大西洋海風，經常攀越北坎布里亞山進入利奧哈

如果說西班牙中部高原的卡斯提亞（Castilla）稱得上是主流正統，北部的巴斯克（Vasco，巴斯克語為Euskadi）正是獨立運動及分離主義最興盛的地方，夾在兩者間的利奧哈在文化上有著頗難定位的身分。跟東北邊的那瓦拉（Navarra）和西邊的亞拉岡（Aragón）也沒太多可合成一個自治區的理由。在折衝之間，利奧哈並沒有併入任何一方，而是單獨成為埃布羅河谷（Ebro）上游範圍極窄小的自治區。

全西班牙分為十七個自治區，管轄五十個省分，利奧哈雖是其中之一，但面積小人口少，沒分省分單獨以一省成立自治區。西班牙習慣將省府作為省名。不過這裡是個例外，Logroño市雖是首府，但省名卻改用本地產的葡萄酒Rioja為名。Rioja這個名稱源自埃布羅河上游一條小支流奧哈河

（Rio Oja）。發源於南邊的德曼達山脈（Sierra de la Demanda），北流之後在利奧哈的酒業中心阿羅鎮（Haro）注入剛切過坎塔布里亞山脈（Sierra Cantabria）進入利奧哈谷地的埃布羅河。

在氣候上，利奧哈似乎也有頗難定位的身分。卡斯提亞高原暴戾極端，冬寒夏酷熱的大陸性氣候，偶而越過德曼達山脈為谷地帶來影響。飽含水氣、涼爽的大西洋海風經常攀越北邊的坎塔布里亞山脈進入谷地。而地中海的溫熱海風，則一路沿著埃布羅河谷自東邊吹襲而來。這三股氣候勢力剛好在利奧哈的土地上交相拔河，造就一個交雜多變的自然環境。

利奧哈雖小，但有著多樣的環境，種植多樣的品種，葡萄酒風格當然也很多樣。調配各方似乎正是利奧哈在地理和人文中的特長。過去利奧哈葡萄酒得以成為西班牙酒業的經典，調合多種葡萄及多個產區正是成功的關鍵之一。

▌上、下與阿拉維沙 ALTA、BAJA Y ALAVESA

現在，沿著迴轉曲折的埃布羅河兩岸，從陡坡到平原，有廣達6萬多公頃的利奧哈葡萄園。因環境的差異還畫分三個副產區：上利奧哈（Rioja Alta）、下利奧哈（Rioja Baja）和利奧哈阿拉維沙（Rioja Alavesa）。這裡所謂環境的差異不純粹是天然的，因為這裡酒業的歷史比行政區的畫分還要早，利奧哈葡萄酒產區的範圍其實包含了北鄰的巴斯克和那瓦拉自治區內的葡萄園（甚至還包含在上利奧哈區西邊，位在卡斯提亞－萊昂自治區〔Castilla y Léon〕，布爾戈斯省〔Burgos〕內的一小部分葡萄園）。大致上，埃布羅河南岸的葡萄園屬利奧哈自治區。北岸東邊上游的葡萄園主要屬巴斯克自治區的Alava省（巴斯克語為Araba），此即為利奧哈阿拉維沙副產區。北岸西邊下游的葡萄園則屬那瓦拉。

上、下利奧哈是因為埃布羅河上下游的相對關係所畫分出來的，是兩個差異頗大的產區，雖然兩者其實東西相連。分界點在首府Logroño市東邊不遠的地方。西邊位在上游的上利奧哈有26,000公頃葡萄園，是最大的一區。海拔較高，雖屬大陸性氣候，但也受到較多來自大西洋的海洋氣候影響。氣

● 葡萄園邊石造的 guardaviña是利奧哈葡萄農休息避風雨的傳統小屋

候比較涼爽，雨水也多一些，葡萄成熟得比較慢。雖然主要種的是早熟的田帕尼優（Tempranillo），但採收季仍相當晚，10月底或甚至11月才完成採收是常有的事。

　　一般而言，上利奧哈釀成的酒顏色稍淡，酒精度比較低，酒體偏瘦一點，但有更多的酸味及緊緻的單寧。風格比較均衡高雅，也比較經得起較長的橡木桶培養及瓶中儲存。這樣的特性越往西邊就越明顯。直到過了阿羅鎮西邊的Sajazarra村，在那裡，葡萄已無法在冬季到達前成熟。上利奧哈一直被認為是利奧哈的精華區，經典名廠群集。

　　下利奧哈海拔較低，23,000公頃的葡萄園多位在河積平原上，這裡的氣候受地中海的影響較多，年雨量僅有300公釐，相當乾燥且夏季炎熱。這樣的環境非常適合種植晚熟耐乾旱的格那希葡萄（Garnacha）。因官方的鼓勵政策，現在也種植相當多的田帕尼優，不過因為氣候過於乾燥，需人工灌

● Villalba村位在上利奧哈西邊邊境的葡萄園，即使連號稱早熟的田帕尼優都要晚到11月才能採收

溉，新的葡萄園大多位在比較肥
沃、容易取得水源的地方。下利
奧哈的葡萄成熟快，糖分高。釀
成的葡萄酒顏色深，酒精度高，
酒體較豐厚，但酸味較低也較不
耐久。條件比較優異的葡萄園大
多位在海拔較高的南邊山區。越
往東邊，這樣的特性就越明顯。
過了Alfaro鎮，即進入那瓦拉DO
（Denominación de Origen）產區
的最南端，再遠一點就是亞拉岡

● Campillo酒莊位在
利奧哈阿拉維沙區的
Laguardia鎮，釀成的
酒比同集團的其他酒
莊更多酸，單寧質地
也更絲滑

的Campo de Borja DO產區，都是以格那希葡萄釀成的濃厚紅酒聞名的地方。

　　利奧哈阿拉維沙雖然是依行政區畫成的分區，但在自然環境上也自成
一格。葡萄園介於坎塔布里亞山脈南坡與埃布羅河北岸之間，有10,000多公
頃。地勢起伏較大，海拔也高，且大西洋水氣常翻山而來。這裡的溫度較
低，加上有較多的石灰岩質土壤，釀成的葡萄酒不是特別濃，但常有新鮮的
果味。英國的西班牙葡萄酒專家John Radford稱這裡是田帕尼優的天堂，一
來是因為這裡不適種植其他品種，二來是這裡出產的田帕尼優紅酒特別新
鮮可口、優雅迷人。小酒莊林立也是利奧哈阿拉維沙的特色，在商業大廠之
外，有非常多的個性小酒莊。

▌TEMPRANILLO, GARNACHA Y GRACIANO

　　雖然利奧哈分成三個副產區，但釀酒傳統卻曾經建立在混合各區的葡萄
酒，截長補短以調配出口感最均衡協調、風味最豐富多變的各色葡萄酒。除
了產區，不同的葡萄品種也為釀酒師提供不同特性的調配材料。這裡的黑葡
萄有田帕尼優、格那希、Graciano和Mazuelo，也可能加入一些以實驗名義種
植的卡本內－蘇維濃（Cabernet-Sauvignon）。雖然現在各式混合的比例都

13

● 利奧哈產的格那希
有圓潤細滑的單寧和
香料香氣

● 田帕尼優是利奧哈最具代表的品種

有，甚至每個品種都有100%的單一版本，但一瓶典型傳統的利奧哈紅酒通常含有60-70%以上的田帕尼優，混合20%的格那希提高酒精及圓潤口感，然後添加一小部分的Graciano增加顏色和酸味，同時也讓香氣更豐富。

　　田帕尼優（Tempranillo）因比較早熟（temprano）而得名，是利奧哈最具代表的品種，也是最常被利奧哈釀酒師選為單一品種釀造的葡萄。西班牙有許多地方種植田帕尼優，不僅名稱不同，表現出來的風格也各不相同，是一個相當多面貌的品種。在利奧哈的表現顯得顏色較淡，酸味和單寧都較少，果香偏重草莓及紅色森林漿果的香氣。但無論如何，利奧哈的紅酒一直是這個品種最優雅精巧的典範。

　　因為不受重視，格那希在利奧哈的種植面積越來越少，即使是在最適合生長的下利奧哈也是如此。直到晚近才有下利奧哈的酒莊勇敢推出100%的格那希紅酒。利奧哈產的格那希有圓潤細滑的單寧和香料香氣，風格與亞拉岡

的紅酒頗為類似，不過大多只是用來作調配之用。又稱為Cariñena的Mazuelo就更少見了，幾乎只見於混種多個品種的老葡萄園裡，100%的版本更少，我只品嘗過Dinastia Vivanco酒廠充滿丁香、草味和礦石的極濃厚版本。

至於Graciano是最近最受注意和討論的品種，不過種植的面積還是不大。原因很簡單，它是很不易種植的麻煩品種。一名葡萄農跟我說，Graciano的名字源自「Gracias no！」（西班牙語意思是「No thanks!」）。現已被種到西班牙中部和東南部，在那裡似乎容易一些，在利奧哈卻不太容易成熟，產量少且不穩定。但如果Graciano剛好成熟的話，就會有非常多的酚類物質，單寧和紅色素都多，釀成的酒有如墨水一般黑，酸味非常高，也比較常有礦石和藍莓的香氣，很適合小比例添加進田帕尼優紅酒中。有點像小維鐸（Petit Verdot）在法國波爾多梅多克地區（Médoc）扮演的角色，稍加多一點就會蓋過主角的風采。除了這些主要品種，2009年又新增加Maturana Tinta、Maturana Parda和Monastel（與東南部的Monastrell完全沒有關聯的品種）三個極少見的當地品種。

● Viura是利奧哈最重要的白葡萄品種，有不錯的酸味，也有久存的潛力，但較少果香

利奧哈的白葡萄不多，過去主要與黑葡萄混種，一起釀造，可幫助紅酒固定顏色和增加風味，現在有非常多的老樹葡萄園還混種著白葡萄。利奧哈最重要的白葡萄是Viura，在其他地方又稱為Macabeo，有不錯的酸味，甚至也有久存的潛力（依規定所有利奧哈白酒必須含51%以上的Viura）。有時混合一些比較多香的Malvasía或較多酒精的白格那希（Garnacha Blanca）。2009年之後也開始允許白酒添加外來的夏多內（Chardonnay）、白蘇維濃（Sauvignon Blanc）和Verdejo。另外，本地特有的白葡萄品種如Maturana Blanca、Tempranillo Blanco和Turruntés也允許添加。

在沒喝過Viña Tondonia酒莊的Gran Reserva白酒前，我並不認為Viura是偉大的白葡萄品種。但現在我相信Viura不僅適合在木桶中釀造培養，而且還非常耐久。需要的只是認真種植和時間。Álvaro Palacios酒廠釀造的Plácet及Muga酒廠的白酒都是現代版的好例證。不過，平淡無個性的利奧哈白酒還是相當多。

▌用時間分出等級 JOVEN Y CRIANZA

一些新的考古發現證明利奧哈的釀酒史可上溯到三千年前，不過利奧哈現代酒業卻是晚至十九世紀中才發展起來。1848年，後來創立Marqués de Murrieta酒莊的Luciano Murrieta前往波爾多學習釀造精緻葡萄酒的技術。然後在1852年開始釀造出第一批的新式利奧哈紅酒。在此之前，利奧哈的葡萄酒很少裝瓶，也很難儲存超過一年。但是，利奧哈在極短的時間內，開始進入第一個黃金時期。

十九世紀下半，波爾多因為由新大陸傳進歐洲的病蟲害而大量減產，許多波爾多酒商來到未受侵襲的利奧哈設廠。為了釀造類似波爾多風味的葡萄酒，他們依據波爾多的調配經驗，混合本地強勁高雅的田帕尼優和溫和豐滿的格那希。他們也將產自東部溫暖地中海氣候的甜熟易飲混合西邊寒涼氣候的優雅多酸。然後在美國橡木桶中進行長年培養，釀造類似波爾多，但與過去利奧哈不同的新式葡萄酒。這些酒被運到庇里牛斯山（Pyrénées）另一邊的法國，以波爾多的名義賣到英國和其他市場。

● Reserva等級的利奧哈必須要經一年以上的木桶培養，而且採收後三年才可上市

葡萄根瘤芽蟲病最後還是來到利奧哈。波爾多的葡萄園開始嫁接抗葡萄根瘤芽蟲病的美洲種砧木，逐漸恢復生產，波爾多酒商也開始離去。但這個波爾多配方卻被保留了一世紀，直到二十世紀末，才開始遇到新風格的挑戰。

過去利奧哈產區用熟成時間的長短來為葡萄酒分級，雖然差別只在培養的時間不同，但大部分酒廠會挑選較濃厚、較耐久存的酒來儲存。所以一般未經培養稱為年輕酒（Joven）等級的酒都是採用較清淡、多新鮮果味的葡萄酒混成，大多沒經橡木桶培養，或只是在桶中保存極短暫時間。至少經兩年以上培養的可稱為Crianza，三年以上則可稱為Reserva，不過都規定至少要經十二個月以上的木桶培養，為了經得起較長期的熟成，釀酒師通常會選擇較濃厚多澀的紅酒。

Gran Reserva則要五年以上，至少在橡木桶裡待上兩年，裝瓶後還要再等三年以上時間。不過有些名廠的Gran Reserva要到十年甚至二十年以上才會上市。例如López de Heredia酒莊最新上市的Viña Tondonia是1987年，而Bodegas Montecillo的

● Haro鎮上C.V.N.E.酒廠的陳年酒窖。除了橡木桶培養，利奧哈也講究瓶中培養，裝瓶後還需要經過數年的熟成才上市

● 許多Reserva或Gran Reserva等級的酒,其培養的時間常常比規定年限還要長

Selección Especial最年輕的年分則是1991年。這些酒在橡木桶內培養的時間也絕對比三年長很多。最驚人的如Marqués de Murrieta酒莊1978年分的Castillo Ygay Gran Reserva Especial,經過216個月的木桶培養才在1998年裝瓶上市。針對白酒和粉紅酒,利奧哈也有類似的規定,但這兩種酒現在大多走年輕新鮮風格,只以Joven的標示上市。

許多酒評家都曾批評利奧哈這樣的培養方式,特別是他們認為在橡木桶內的時間太長,白白讓酒中的新鮮果味消逝不見。他們也批評美國橡木,認為會為酒帶來過多的香草、焦糖和咖啡香氣,掩蓋了酒本身的滋味。一些新銳酒莊採用非傳統釀法,用全新法國橡木培養,並縮短培養時間,釀成更接近全球風格的頂級昂價利奧哈紅酒,而且只採用低等級的Joven或Crianza標示,給予這些批評最佳的佐證。事實上,現在生產Gran Reserva的利奧哈酒莊也越來越少了。

確實,有很多利奧哈商業酒款有過多的香草及木桶味,也曾有非常多的利奧哈葡萄酒因在橡木桶存太久而變得乾瘦,或甚至喪失果味,產生不是很乾淨的舊桶味。但這只是一部分事實。

● 1978年分,經過216個月的木桶培養才在1998年裝瓶上市的Castillo Ygay Gran Reserva Especial

生產老式Gran Reserva的老牌酒莊大多自設有橡木桶廠,且製桶工人花費更多的時間在修補老舊的美國橡木桶而不是製作新桶。因為一般法國橡木桶頂多只能使用五年,就非常容易滲漏讓酒氧化,但老舊的美國橡木桶卻更耐用,有非常好的密封性,不僅不會為這些Gran Reserva帶來香草、焦糖和咖啡香氣,也足以保護葡萄酒免於氧化。這也是為何許多Gran Reserva雖在225公升的小型橡木桶中存放非常多年,卻可保持新鮮的關鍵原因。

　　如果是全新的木桶，法國橡木確實較能釀出不那麼商業、有較多細膩風味的紅酒。但舊桶就很難說。不過最重要的關鍵是：現在一個225公升的法國新橡木桶要價800歐元，但美國橡木製的新桶卻只要400歐元。

▌葡萄酒廠與葡萄農 BODEGAS Y COSECHEROS

　　除了香檳，法國大部分最頂尖的葡萄酒都是來自自有葡萄園的獨立酒莊（domaine）或城堡酒莊（château）。但西班牙跟法國不太相同，反而和新世界產國一樣，習於混合自種與買進的葡萄，即使像Vega Sicilia這樣頂尖的酒莊都曾在名單之列。獨立酒莊的概念在西班牙一直不是非常盛行，或者並沒有太多人在意。

　　西班牙酒莊大多稱為bodega，這個字的意思比較像是儲酒的地窖，有些葡萄酒專賣店也叫bodega，跟法文的cave比較類似。大部分酒莊釀酒、

Brionés村內的
cosechero葡萄農
酒窖

培養和儲酒的地方都會分開，所以酒廠名稱幾乎都是用複數的bodegas，除非規模真的很小。有些強調有葡萄園的酒莊還會自稱Bodegas y Viñedos（葡萄園），不過還是有可能採用一部分買進的葡萄。有趣的是，真正只採用自產葡萄的利奧哈酒莊像1974年成立、全利奧哈第一家獨立酒莊Viñedos del Contino，或新近成立的Viñedos de Paganos，卻只用葡萄園而沒有bodegas這個字，從字面上看反而容易被誤認為是只產葡萄而不產酒的莊園。

這樣的生產結構讓酒廠有更靈活的操作空間。特別是利奧哈的酒商向來習於混合跨區的葡萄酒，依需要採買調配，以混合出符合市場需要的葡萄酒。所以酒商除了採用自己種植的葡萄釀酒，也需倚靠當地兩萬戶自有葡萄園的葡萄農供應葡萄或原酒。

這些稱為cosechero的葡萄農大多就近住在酒村裡，村外有幾片葡萄園，釀酒窖如果不是在房子樓下，就是在隔鄰的石屋裡。在村子背陽的地方還有個深入地底或山坡的涼爽岩洞用來儲存葡萄酒。他們在採收後用簡單的設備將葡萄釀成酒，然後整批賣給酒商。通常會留一部分自己喝，或賣給熟識的親朋好友甚至路過的外地客。這些酒稱為Vino Cosechero。在利奧哈的酒村

● 以傳統方式種植的葡萄園很難機械化，必須靠葡萄農純手工除芽整枝

裡，常可見到門上貼著這樣的牌子，可直接敲門進去買，有瓶裝也有大桶裝，價格通常很便宜，多是簡單自然、頗可口的年輕紅酒，是最適合日常佐餐的那種。不過有時也會有精采的佳釀，但更可能碰上連酒商都不想買的劣質酒。

傳統的利奧哈酒業是以酒商主導的調配及熟成作為關鍵核心，葡萄園和酒村的風格，近十多年來才開始受到注意。這個新風潮讓採用單一葡萄園釀造的葡萄酒受到注意，也讓一些酒村裡的小酒莊有更多被認識的機會。像Laguardia村的Artadi和Landaluce、Samaniego村的Ostatu、Abalos村的Puelles、Labastida村的Agrícola Labastida等。

●（左）1985年創立的Artadi。原是一家由五名葡萄農所組成、如合作社般的酒莊，但現在已經是國際名廠

●（右）Contino是利奧哈最早成立的獨立酒莊，只使用自產葡萄釀造

　　不僅葡萄酒的風味迷人，現在的利奧哈也已是西班牙在雪莉酒之外，最迷人的葡萄酒鄉。不同於雪莉酒的全然傳統風，利奧哈卻是擺盪在新舊兩個極端間、有如時光倒退百年般的老舊酒窖，也有許多新奇爭豔、最前衛設計風的酒莊。不過最讓我懷念、不時催促我再度造訪的是利奧哈人的熱情好客，以及他們最引以自豪、極家常美味的利奧哈馬鈴薯臘腸湯（Patata a la Riojana）。

利奧哈名菜

　　利奧哈雖非西班牙的知名美食區，融合周遭的菜色卻相當豐富多變，其中以馬鈴薯臘腸湯（Patata a la Riojana）最為知名，雖然看似簡單家常，但曾受邀到利奧哈美食節做菜的法國三星名廚保羅‧包庫斯（Paul Bocuse）在品嘗過後曾說：「你們可以做出這麼好吃的菜，為何還要邀請我來？」

　　這種用西班牙臘腸chorizo煮成的濃湯確實很可口，而我必須懺悔的是，在品嘗過包括三星名廚在內的無數精緻西班牙菜色後，最令我懷念的竟還是這道馬鈴薯臘腸湯。

21

上利奧哈 RIOJA ALTA

● 阿羅鎮的火車站，大門對著的是1859年由法國人創立的Bodegas Bilbainas酒莊

洛格羅尼奧（Logroño）是利奧哈的首府，城內和城郊也集聚許多名廠，不過位在西邊的阿羅鎮才真正是利奧哈葡萄酒業的首府。洛格羅尼奧和阿羅鎮（Haro）一東一西之間，也有許多重要的葡萄酒村鎮如Brionés、San Vicente de la Sonsierra、Cenicero及Fuenmayor等，雖較不知名，但卻是許多名廠和名園的所在。

● 埃布羅河在Briña
村附近切穿坎塔布里
亞山進入利奧哈，大
西洋的潮濕水氣沿著
河谷吹入阿羅鎮附近
的葡萄園

▋阿羅鎮 HARO

　　鄰近資金充裕的巴斯克（Vasco）以及和波爾多有鐵路相通是阿羅鎮酒業如此發達的關鍵。但也因為正位在上利奧哈（Rioja Alta）最精華葡萄園的中心。此鎮靠近利奧哈西邊邊境，再往西幾公里到了Villalba村附近，就已經非常接近葡萄種植的極限，即使連號稱早熟的田帕尼優（Tempranillo）都要晚到11月採收。往北4公里在Briña村附近，埃布羅河（Ebro）切穿坎塔布里亞山（Sierra Cantabria）進入上利奧哈（Rioja Alta），也讓來自大西洋的潮濕水氣及涼風沿著蜿蜒的河谷吹入阿羅鎮附近的葡萄園。

　　這樣的地理位置讓阿羅鎮曾是鐵公路的樞紐，但同時也讓這附近的葡萄園有更多變的天氣，特別是漫長的生長季及冷涼的氣候，使田帕尼優在極佳的條件下有機會可以釀成新鮮多酸、堅挺細緻、非常高雅耐久的葡萄酒。整個上利奧哈的最精華區就坐落在阿羅鎮附近的十數公里之間。

23

利奧哈的十七家百年老廠中有十一家位在阿羅鎮。為了方便透過鐵路運輸葡萄酒，大部分傳統百年酒莊包括Rioja Alta、CVNE、Bilbaínas和López de Heredia等，全都彼此相連設立在阿羅鎮火車站四周稱為Barrio de la Estación（車站區）的地方。加上稍晚一點才創立的Muga及全然新派的Roda酒莊與這些百年老廠比鄰而居，共同組成西班牙酒業最集中的精英核心。

阿羅鎮雖小，卻頗精緻優雅，餐廳、酒吧和葡萄酒店集中在舊城區的Paz廣場附近，如老舊雜貨酒舖的Juan González Muga有成堆隨意堆放的老酒供酒迷尋寶。城裡除了眾多古蹟，更有小鎮少有的熱鬧及繁榮，特別是主廣場邊的小巷中擠著為數眾多的Tapas酒吧，繁多的菜色讓我曾在此連吃五星期的晚餐卻不曾厭倦過，不論是單杯或整瓶，每家都可以低廉的價格點選為數眾多的精采利奧哈。

西班牙的生活重心都全集中在這樣的酒吧裡，也唯有在這樣吵雜的吃喝場合才能體會到真正西班牙式的「寧靜」和「安詳」。一個西班牙城市是不是適合居住，就看有沒有夠精采的酒吧區。就這點，阿羅鎮雖小卻仍值得一住。

阿羅鎮有非常多的酒廠集聚，但我心目中最值得參觀的酒莊卻全位在與鎮中心隔著奧哈河（Rio Oja）的火車站區，主要在於這裡是阿羅鎮酒業的發跡之地，傳統老廠全集中在這邊，每家都有顯赫的身世及相當經典的釀酒風格，其中以Bodegas López de Heredia最重要，值得專文介紹。

在火車鐵道的北邊主要有四家酒廠。Bodegas La Rioja Alta位在López de Heredia正對面。是1890年創立的老廠，現已是擁有四家酒廠的釀酒集團。La Rioja Alta屬於老式的精英廠，主要生產Reserva和Gran Reserva，唯一屬Crianza等級的Viña Alberdi其實也是Reserva等級的酒。Viña Ardanza是最具代表的酒款，有木香混合熟果的複雜老式利奧哈滋味，非常可口。兩款Gran Reserva, 904經四年木桶，約十年左右，890

● 年產千萬瓶的超大型酒廠CVNE也是一家位在火車站區的百年老廠

● 老式精英廠La Rioja Alta主要生產Reserva和Gran Reserva等級的紅酒

● 阿羅鎮上的Juan González Muga葡萄酒鋪

經六年木桶約十二年才出廠,兩者都非常典型老式,但僅在極佳年分才推出的890喝起來不濃,也更多酸,更加精巧。

　　1932年創立,現在仍由家族第三代經營的Bodegas Muga位在La Rioja Alta旁邊稱為Prado Enea的十九世紀石造房舍。雖非百年老廠,但Muga卻以此石屋為名釀出非常迷人的傳統Gran Reserva。現在在利奧哈產區,酒莊常容易分成新派和舊派,以及新舊都有的中間派,每家多少都有其擅長之處,但Muga卻是少數新式和舊式酒都釀得非常好的酒莊,且除了紅酒,白酒及粉紅酒也都有過人之處。Muga的白酒釀得相當好,價格也頗便宜,雖然是在全新法國橡木桶發酵培養,但卻非常乾淨,新鮮多酸。粉紅酒混合黑葡萄與白葡萄一起發酵釀造,風格也非常細緻清爽。

　　Muga在紅酒的釀造上看起來卻相當傳統,至少用的都是傳統木造酒槽,且沒有控溫設備。酒莊內也自設桶廠。比較不同的是,他們在美國橡木之外也採用法國橡木桶來培養新式酒款。葡萄園的管理卻頗先進,有些甚至

25

● 新式和舊式酒都
釀得非常好的Muga
酒莊

用GPS定位法記錄每棵葡萄樹的狀況，作為育種選拔的根據，也因此衍生了
Muga的最頂級酒Aro。透過紀錄及每棵樹的實地品嘗，Muga從老樹中挑選條
件最好的幾株採收釀造，釀成的酒確實頗嚇人，特別是加了30%的Graciano
使得酒色非常深黑，口感非常濃厚，但少了些優雅。

　　價格便宜一些、從1991年分開始生產的新式酒款Torre Muga反而有趣
許多，十八個月的法國橡木桶培養而成，走結實強硬的風格。近來Muga的
Reserva跟Selección Especial有越來越新式的趨勢，更加濃厚，後者甚至已接

近1990年代Torre Muga的風格。只剩下Prado Enea獨自標誌傳統風味。

● 在法國橡木桶培養而成的新式酒Torre Muga和Selección Especial

　　北側這邊最西邊的是1991年才創建、利奧哈新式前衛酒莊中最具代表的Bodegas Roda。來自加泰隆尼亞的Mario Rotllán採用完全不同於利奧哈傳統，或者說，用全球主流名廠的釀造及培養方式，100%的法國橡木及較短的橡木桶熟成，繼Artadi之後，將利奧哈的葡萄釀出非常國際風、當時在利奧哈還頗少見的新面貌。

　　Roda最具代表的酒是Roda I，原稱為Roda II後來改名為Roda的酒反而較像二軍酒，另外Cirsion是1998年後才有的Icon wine，走較極端、多木香、料很多的濃澀風格，不過單寧修得頗細，是現在利奧哈最貴的酒之一。早期的Roda I酒精度低一些，1994、1998和1999都釀得相當好，有現代式的優雅。2000年後熟度常達14.5%，除了天氣冷一些的2002年，已與上利奧哈田帕尼優最迷人的優雅風格背道而馳；不過如果不在意地方風格，卻是釀得相當好的田帕尼優，只不過在斗羅河岸產區（Ribera del Duero）似乎較容易釀出這樣的酒。

● Roda是一家全新風格的酒莊，採用大量的全新法國橡木桶

　　火車站位在鐵道南側，大門對著就是1859年由法國人創立的Bodegas Bilbaínas，不過現在是加泰隆尼亞Codorníu集團的眾多酒莊之一，主要以西班牙國內市場為主，較為商業化一些。除了傳統型的Viña Pomal，La Vicalanda較現代些，強調100%田帕尼優、萃取多且多新木桶香氣。Vicuana則更是全新式、色深多木香的濃厚類型。

　　同在南側的還有1879年設立的Compañía Vinícola del Norte de España，不過大多簡稱為CVNE。這是家年產千萬瓶的超大型酒廠，除了阿羅鎮歷史廠區，在阿拉維沙（Alavesa）還擁有全新整建的Bodegas Viña Real及一部分

● Imperial自1920年即開始生產，至今仍是上利奧哈的傳統代表酒款

的精英獨立酒莊Bodegas Contino。CVNE百年歷史酒廠裡配備相當摩登的釀酒設備，但儲酒窖卻是全然百年原味。

這是一家綜合型的酒廠，有非常多的牌子因應不同的市場及價格，但最具代表的還是從1920年即開始生產的Imperial，是上利奧哈的傳統代表酒款之一，特別是Gran Reserva，約十年後上市，雖用新式設備，也用了發酵前泡皮跟一小部分法國橡木，但酒的風格仍是非常傳統的多變成熟香氣和絲滑的優雅質地。CVNE在1994年分也開始推出新式風格的紅酒Real de Asúa，用釀Imperial的葡萄放進全新法國橡木桶培養，雖然是同類酒中較協調均衡者，但是價格為Imperial的數倍之多。

● CVNE酒莊位在鐵道南側，1879年創建時的老酒窖

Bodegas López de Heredia

　　這是一家讓我最難忘懷，有如活著的百年葡萄酒博
物館的西班牙酒廠。創立於1877年的López de Heredia
讓釀酒技藝倒退一百年，卻也讓我懷疑是否該重新修習
釀酒學。傳統的利奧哈紅酒如果有什麼最讓人詬病的，
肯定是酒的風格過於老式過氣，在橡木桶裡放了太久。
但老式過氣如果可頑固不化地撐著百年不變，那還會只
是老式過氣嗎？

　　López de Heredia的莊主女兒Maria José說：「我們
很喜歡曾祖父釀的酒，我們要用他的方法繼續釀酒。」
這話說得輕鬆，但真要堅持用百年前的方式釀酒，多教
人匪夷所思？例如塑膠在1907年才剛發明，還沒被製
成裝葡萄用的塑膠桶，現在López de Heredia酒莊還沿
用重達數公斤重的傳統木桶裝運人工採收的葡萄，這種
只在博物館裡見得到的沉重木桶，酒莊裡還保有兩百多
個，這讓採收相當麻煩費時，而願意背負如此重擔的搬
運工人更是難尋。

● Viña Tondonia是
López de Heredia酒莊
最頂尖的葡萄園，知
名度甚至比酒莊還高

　　這只是所有釀酒細節中的一小項，其他更駭人聽聞
的包括完全沒控溫設備，讓酒自然發酵。白酒要經六
年小型橡木桶培養（比最頂級的布根地白酒還要多出兩倍以上的時間），最頂級的
紅酒甚至長達八年（比最頂級的波爾多紅酒還要多出三倍以上的時間），而最「青
春」的粉紅酒也長達四年。為防氧化變質，全球釀酒師不會讓酒在小型橡木桶中培
養超過二十四個月，世上認為這些酒可以喝的人應該不會太多，後來跟法國釀酒師
朋友們提起，他們甚至以此嘲笑西班牙釀酒水準的低落。

　　López de Heredia陰暗潮濕、長滿灰黑黴菌，飄散著苔蘚及腐木氣味的地下酒
窖裡，存放著八百萬瓶的葡萄酒，每年卻只上市五十萬瓶。這樣可笑的堅持真的只
是食古不化？如果他們也有機會喝到剛上市沒多久、1985年分的單一葡萄園Viña
Tondonia, Gran Reserva紅酒，或更像是靈異小說情節的1981年Viña Tondonia, Gran
Reserva白酒，也許會跟我一樣開始懷疑釀酒教科書的內容。現在新式釀法的利奧哈
白酒很少超過五年還能保有新鮮及均衡，而這瓶超過二十五年的Viña Tondonia白酒卻
才剛開始進入最燦爛的時候，特別是核桃及杏仁為主調的酒香交錯著甜熟水果和香
草香氣，熱鬧中伴著陳年的氤氳，非常迷人。

　　這是一款用90% Viura葡萄釀成的白酒，Viura一般被認為味道平淡，沒什麼香
氣，一位德國的知名葡萄酒作家曾跟我說：「世上如果少了Viura，我也不覺得有任
何遺憾。」喝過López de Heredia酒莊的多款白酒後，我很難贊同他的看法。他們依
老式傳統，在釀白酒時會像釀紅酒時一樣讓葡萄皮和葡萄汁泡在一起長達三天，也
許是經得起數十年考驗的關鍵原因。除了Viña Tondonia的Reserva跟Gran Reserva白
酒，經過四年木桶培養、屬於「Crianza」等級的Viña Gravonia也相當有趣，大概十
年左右才上市，有細緻的成熟乾果香氣和均衡多變的口感。

　　同屬「Crianza」等級的紅酒Viña Cubillo是最早上市的一款，有草莓果醬般的香
氣，喝來柔和清爽。Viña Bosconia是另一片葡萄園釀成的Grand Reserva，要經九年

29

橡木桶培養，酸味更高，稍瘦一些，卻非常優雅，常有如陳年布根地（Bourgogne）般的迷人香氣。曾有人說田帕尼優跟黑皮諾（Pinot Noir）有些近似，指的其實是像產自阿羅鎮附近、頂級且老式陳年的Gran Reserva，非常優雅。

López de Heredia的每款酒酒精度幾乎都在12%到12.5%之間，Maria José説，對她祖父來説，成熟度13%以上的葡萄釀成的酒太粗糙，所以不會放入自家酒中。老的利奧哈可以這麼耐放，不過熟的葡萄也許是另一關鍵。能欣賞這樣風格的人似乎越來越少，即使連美國，甚至西班牙的酒評家也不全能欣賞。我只能説López de Heredia讓現在的葡萄酒迷有直接通往百年前，品嘗上一世紀葡萄酒滋味的機會。畢竟，可以親身回溯過往，該算是難能可貴的經驗吧！

● 1981年分的Viña Tondonia, Gran Reserva白酒

● Dinastía Vivanco是我參觀過最精采的葡萄酒博物館

▎BRIONÉS

● 位在山丘頂上的
Brionés村

在阿羅鎮附近有一些村莊不僅是重要的利奧哈產區，也是一些重要酒莊的所在地。Brionés和San Vicente de la Sonsierra是其中重要的兩個酒村。

在阿羅鎮東邊5公里、埃布羅河南岸的Brionés村也許不算國際知名，但近年來因Dinastía Vivanco葡萄酒博物館和潮流酒莊Finca Allende在村內設立，人們才開始注意到這個有著漫長葡萄酒歷史的迷人小村。

2004年興建完成的Dinastía Vivanco「葡萄酒文化博物館」（El Museo de la Cultura del Vino）是一座近10,000平方公尺，極精心設計、用各種聲光影像、跨越語言及文化距離，精采

呈現葡萄酒文化的重量級博物館。在我參觀過全球各地的葡萄酒博物館中，沒有一座可與其相提並論，非常值得一遊。博物館外還有一個稱為方舟庭園（Jardín de Baco）的葡萄園，種植本地及世界各地多達兩百多種的葡萄，其中還包括十六世紀的西班牙古老品種。

● Finca Allende雖然歷史不長，卻是村內最知名的酒莊

這家由Vivanco家族興建的博物館旁還附設一家同名酒莊，由家族成員、曾在波爾多修習釀酒學的Rafael Vivanco負責在極華麗的酒窖內釀造。酒的風格頗商業化，並不特別精采，2005年開始推出Colección Vivanco，有單一品種的Garnacha、Graciano和Mazuelo，風格十分極端，相當濃厚強烈，甚至粗獷。混合而成的4 Varietales較為細緻均衡一些。跟大部分利奧哈酒村一樣，Brionés也有非常多的葡萄農小酒莊，將自釀成的葡萄酒賣給酒商調配。具國際知名度的酒莊只有Finca Allende及Miguel Merino。

兩家成立的時間都不長，Miguel Merino較傳統，也粗獷一些，而Finca Allende無論歷史跟風格都更新潮許多。1995年成立，2002年才有自己的酒窖，由特別強調葡萄園風土條件的莊主Miguel Ángel de Gregorio自己釀造，是新風格利奧哈中的代表性酒莊之一。Finca Allende自有50多公頃的葡萄園，大多位在Brionés村內。與酒莊同名的酒也添加買進來的葡萄釀造，紅酒新式但均衡，白酒則屬濃厚多木香風格，經低溫泡皮，微帶一些澀味以增加結構。

但最知名的則是高價的Calvario跟Aurus。Calvario為單一葡萄園的紅酒，葡萄全來自村子西邊小圓丘上面向東南的一片葡萄園，是1945年種的六十年老樹。釀成的酒相當濃厚多澀味，Miguel Angel用了100%，有時甚至200%的全新橡木桶來培養但仍具野性。Aurus則相對細緻許多，採用的是選自面朝北邊的坡地上，可接受更多來自大西洋冷涼空氣的葡萄園。Miguel Angel採用傳統方式將不同品種放在同一酒槽一起混合釀造這款頗獨特的酒。Aurus喝來似乎比一般新式酒有更多的細節變化、優雅精細的質地，卻也頗堅實緊密。

▍SAN VICENTE DE LA SONSIERRA

上利奧哈和利奧哈阿拉維沙之間大致上以埃布羅河作為邊界，北岸屬巴斯克自治區，南岸為利奧哈，不過在Brionés附近卻有一小部分延伸到河北岸。這個和Brionés隔著埃布羅河相望的上利奧哈酒村即為San Vicente de la Sonsierra。此村雄據埃布羅河畔的懸崖之上，是利奧哈最美麗的村莊之一。

San Vicente跟Brionés這一帶的海拔雖比阿拉維沙（Alavesa）稍低一些，但又比西邊的村莊高，特別是San Vicente也有許多500公尺以上的葡萄園，這邊的天氣比阿羅鎮北邊的Briña又溫暖許多，葡萄可以早兩周成熟。這樣的條件讓這附近的葡萄園可釀成酒體豐厚一些、但仍相當均衡多酸的葡萄酒。

● San Vicente de la Sonsierra村位在埃布羅河北岸，與Brionés村南北相望

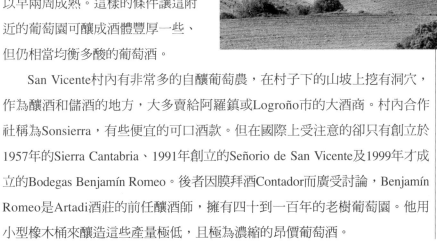

San Vicente村內有非常多的自釀葡萄農，在村子下的山坡上挖有洞穴，作為釀酒和儲酒的地方，大多賣給阿羅鎮或Logroño市的大酒商。村內合作社稱為Sonsierra，有些便宜的可口酒款。但在國際上受注意的卻只有創立於1957年的Sierra Cantabria、1991年創立的Señorio de San Vicente及1999年才成立的Bodegas Benjamín Romeo。後者因膜拜酒Contador而廣受討論，Benjamín Romeo是Artadi酒莊的前任釀酒師，擁有四十到一百年的老樹葡萄園。他用小型橡木桶來釀造這些產量極低，且極為濃縮的昂價葡萄酒。

● 全部採用Tempra-nillo Peludo釀造的Señorio de San Vicente酒莊

前兩家酒莊則都是Eguren家族所擁有的產業。他們在Laguardia還擁有一家1998年創立的Viñedos de Páganos酒莊。現為LVMH集團所有的Toro名莊Numanthia-Termes也是由此家族在1998年創立。Eguren家族自1870年就開始釀酒，擁有Amancio葡萄園，自釀自飲，且大多為白酒。一直到1957年才開設酒莊裝瓶賣酒。

Sierra Cantabria是個精英型的綜合性酒莊，產量一百多萬瓶，但葡萄酒的種類卻非常多，有傳統也有現代，平價的年輕酒款及單一葡萄園的頂級酒都釀得不錯，但風格上比一般酒廠來得濃厚。Sierra Cantabria的Crianza、Cuvée Especial和Colección Privada都是走豪華風格的濃厚飽滿和圓熟，相當可口。單一葡萄園以手工去梗挑選，其中Finca El Bosque極艱澀粗獷，Amancio卻是非常柔美優雅。

Señorio de San Vicente是 Eguren家族另外創立的獨立酒莊。此計畫頗為有趣，採用一片18公頃的單一葡萄園，只釀一款酒，最特別的是，此葡萄園種植的是一種附近區域原產，幾乎消失，葉子背面長著白毛的田帕尼優別種：Tempranillo Peludo。此品種的產量極低，釀成的酒非常多甜熟果香，且口感圓潤深厚，單寧的澀味低，有絲絨般的質地（Laguardia的Campillo酒莊限量酒Pago Cuesta Clara Raro也採用100%的Tempranillo Peludo釀造）。

● Eguren家族的酒莊採用相當多的全新法國橡木桶培養葡萄酒

● Sierra Cantabria酒莊無論高價或平價酒都釀得相當好

在San Vicente村東邊還有個屬於上利奧哈的小酒村Abalos，海拔更高，許多葡萄園海拔達600公尺，村內有頗小巧的Puelles酒莊，釀造頗誠懇優雅的傳統風味，以Zenus最為代表。另外酒莊位在San Vicente村外的Ramirez de la Piscina，其葡萄園也位在Abalos，Reserva頗具水準。

● Abastos市場邊的葡萄酒鋪El Peso

● Logroño城內的San-
ta María la Redonda主
教教堂

▌LOGROÑO

　　利奧哈自治區的首府Logroño市是一個熱鬧中帶著寧靜的中型城市。不過除了9月底慶祝採收開始的節慶Feria de San Mateo，葡萄酒鄉的氣氛並不是特別濃烈。不過跟西班牙大部分城市一樣，舊城Abastos市場邊的Laurel塔巴斯酒吧（tapas）街還是頗值得在此消磨時光，每晚有成千上萬公升的利奧哈葡萄酒在此被大口喝盡。

　　Logroño市位在上利奧哈極東邊，氣候條件已頗接近下利奧哈，天氣較炎熱。因仍屬上利奧哈區的範圍內，有一些位在下利奧哈的酒莊在此設有裝瓶廠，以便在酒標上可以印著在上利奧哈裝瓶。除了這樣的偽裝式酒廠，Logroño市中心也有幾家酒莊，如1890年創立的老式酒廠Franco Español。仍以釀造傳統風格的葡萄酒為主，不過以新式法國橡木桶培養的Baron d'Anglade紅酒卻也頗具水準。

　　稍微城外一點的酒廠有1973年創立的Olarra，生產非常大量商業化的酒款。也有附設博物館、精緻小巧的Ontañón。另外還有採用有機種植、酒的風

35

格非常獨特的Viña Ijalba。這家1990年創立的酒莊跟大部分利奧哈酒廠走不太一樣的路，也許不是非常細緻，卻很特別。他們種植非常高比例的Graciano，並在1995年釀造全球第一瓶100% Graciano紅酒。即使是旗艦級的Selección Especial也採用多達50%的Graciano釀造。他們還保存已幾乎消失的老品種，例如Tempranillo Blanco、白色和黑色的Muturana葡萄，且都釀成100%的單一品種葡萄酒。這些品種直到2009年才為法定產區的法律所接受。

● 全歐洲規模最大的
Juan Alcorta酒廠窖
藏七萬只橡木桶

往西邊一些則有Domecq Bodegas集團旗下，全歐洲規模最大、非常摩登的Juan Alcorta酒廠，酒窖內有七萬個橡木桶，年產七千萬瓶包括廉價商業的Alcorta、老式一些的Campo Viejo及新式一點的Azpilicueta等廠牌。

若說Logroño市在利奧哈葡萄酒地圖上具有重要地位，絕對是因為城東郊外的歷史酒莊Marqués de Murrieta及比鄰的侯爵酒莊Marqués de Vargas。這個區域雖屬上利奧哈，但因太東邊，跟下利奧哈其實全然相連，這裡的氣候較溫暖，葡萄園較肥沃，坡度也較和緩。1878年創立的Murrieta在此擁有300公頃的葡萄園，酒莊所在地稱為Ygay莊園，自1980年代起只採用自家葡萄園的葡萄釀酒，較類似一家波爾多城堡酒莊。

Murrieta是利奧哈最早的酒莊之一，且跟Marqués de Riscal一起將波爾多（Bordeaux）的釀酒技術引進利

奧哈，是近代利奧哈酒業的重要革新及推動者。酒莊創立者Luciano Murrieta自1852年開始用新方法釀酒，1878年以波爾多城堡酒莊為藍本買下Ygay莊園成立酒莊。現在Murrieta只產四款酒，白酒只有經法國新橡木桶培養的Capellania，其他舊式傳統白酒已都停產。紅酒只產三種Reserva以上等級。除了傳統的Reserva，稱為Castillo Ygay的Gran

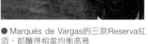

● Marqués de Vargas的三款Reserva紅酒，都釀得相當均衡高雅

● Viña Ijalba酒莊在1995年首度釀造全球第一瓶100% Graciano紅酒

Reserva Especial是Murrieta的頂尖酒款，也是老式Gran Reserva的經典代表之一，但酒精度稍高些，大多三到四年培養後裝瓶。

不過Ygay最傳奇的是在特別的年分如1917、1934及1959等，有一部分酒會繼續留在美國橡木桶中培養，例如市面上仍可買到的1978，是經216個月的木桶培養才在1998年裝瓶上市。這也許是個例證，說明舊美國橡木桶如果使用得當，可以讓存在桶中的酒，以比存在法國橡木桶中更緩慢的速度氧化，可以更耐久放。另外Murrieta也釀造稍微新式一些，採用老樹及較高海拔的葡萄所釀成，經全新法國橡木桶培養的Dalmau紅酒。

隔鄰的Marqués de Vargas在1989年才創立，酒的風格新式一些，且種有不少卡本內－蘇維濃（以實驗名義，不可標示於標籤）。只產三款Reserva紅酒，都釀得相當均衡高雅，不過風格較像波爾多紅酒。頂級酒Hacienda Pradolagar甚至含有40%的卡本內－蘇維濃。

▌FUENMAYOR

Logroño市東邊的Fuenmayor鎮位在一個地勢較平緩、交通相當便利的地方。鎮內及周邊地區集聚相當多的大型酒莊。如Felix Solís集團的Pagos del Rey、Domecq Bodegas集團的Age、法國Marie Brizard集團的Marqués de

● Montecillo酒莊窖藏二十多年才上市的1981年分的Gran Reserva, Selección Especial

Puerto、Osborne集團的Montecillo，以及Bodegas Lan集團。另外也有Breton和新近成立的Altanza及Martínez Bujanda家族的獨立酒莊Finca Valpiedra，位在鎮內及附近地區。

其中1874年成立的Montecillo屬於傳統死硬派的酒莊。不僅繼續產Gran Reserva，且十年後才上市。因為他們認為以火烘焙會破壞橡木的組織，所以木桶都不經烘焙，只用蒸氣加熱，他們自設木桶廠製造此種獨特的木桶。Montecillo釀成的酒年輕時較封閉，但卻能經得起更長的木桶培養，例如他們酒精度只有12.5％，1981年分的Gran Reserva, Selección Especial，在豐富的陳年酒香外竟有滿含熟果的奔放香氣。

外表看來像一家汽水工廠的Bodegas Lan，其實生產相當多精采的紅酒。

● 滿布礫石的Viña Lanciano葡萄園是Bodegas Lan獨家擁有、三面環河的葡萄園

特別是他們在埃布羅河岸邊擁有一整片75公頃滿布礫石的Viña Lanciano葡萄園。此園精華區Pago El Rincón釀成Culmen和Edición Limitada兩款旗艦紅酒，後者風味新式一些，非常濃厚，有些粗獷。但前者頗多變化也更均衡。

Bodegas Breton位在南邊的Navarrete村，不過葡萄園卻分散在不同地方，Alba de Breton產自Brionés村100％田帕尼優（Tempranillo）的

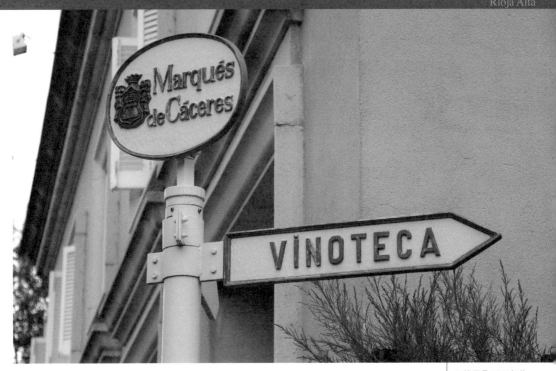

● 曾經是1970年代
新銳酒莊的Marqués
de Cáceres現在也漸
成為經典風格

葡萄園，雖香濃厚實卻很多變，也有非常細緻的單寧質地。Pagos del Camino
所採用的葡萄則全來自下利奧哈的七十年格那希（Garnacha）老樹，圓潤豐
滿，常有混合香料及熟果的濃香。Altanza在1998年才全新創立，不過也產
Gran Reserva。酒釀得中規中矩，但頗可口。

　　由Fuenmayor鎮再往東邊一點則是Cenicero村。小村旁生產Marqués de
Cáceres的酒廠規模甚至比村子還大，年產數千萬瓶葡萄酒。莊主Forner原在
波爾多擁有五級酒莊Château Camensac，1970年代在波爾多最知名釀酒顧問
Emile Peynaud（之後由其門徒Michel Rolland接替）的協助下創立了Marqués
de Cáceres，開始引進法國橡木桶，釀造帶有非常多果香、圓潤可口的紅
酒，以及相當新鮮多香的粉紅酒及白酒。此風格在當時的利奧哈頗為少見，
在市場上大受歡迎。傳統酒款都相當迷人易飲，也有非常濃厚直接的M.C.紅
酒。頂級酒Gaudium雖然新潮，卻頗優雅強勁。

　　Bodegas Riojanas是村內另一家明星酒莊。1890年創立的老廠，酒的風格傳
統，常有老式迷人風味，特別是Monte Real是全利奧哈最佳的Gran Reserva之一。

利奧哈阿拉維沙
RIOJA ALAVESA

利　奧哈紅酒也是巴斯克（Vasco）的驕傲之一，雖然在西班牙之外，很少人會認為巴斯克跟這個西班牙最知名的葡萄酒有關聯。

我曾參加由利奧哈自治區政府辦的品酒活動，叫「利奧哈名酒會」（Los Grandes de La Rioja），由西班牙酒評家Andrés Proensa連續主持八場品酒會及十多家酒莊的參訪。雖然品嘗了數百款利奧哈葡萄酒，卻沒有一瓶產自阿拉維沙區。在國際酒展裡，阿拉維沙也常跟其他利奧哈酒莊分開在不同展區裡。雖然位在利奧哈自治區的酒商常將產自此區的酒調和進他們的葡萄酒裡，反之亦然，不過在葡萄酒之外的世界卻不全然如此。

利奧哈自治區的北界是埃布羅河，但利奧哈葡萄酒產區的北界卻是更北邊的坎塔布里亞山，這片屬於巴斯克領域的利奧哈葡萄園，就位在此山與此河之間的面南山坡上。這片土地海拔較高，從400公尺開始，最高可達600公尺以上。來自大西洋的影響也更多。我在利奧哈的大部分時候，從住的地方往北望，都看得見灰白的雲霧被檔在坎塔布里亞山後頭，時而跨過山頂，但更常

● Laguardia村內的 Torre de Oña酒莊

像是一整排的白色巨浪徘徊在雄偉的山巔
處。除了許多含鐵質的紅色黏土，阿拉維
沙也有很多的石灰質土壤。

● Faustino酒莊最
知名的酒款Grand
Reserva, Faustino I

這樣的環境讓阿拉維沙生產的田帕尼
優（Tempranillo）紅酒曾以新鮮多果味聞
名，可口而優雅。有些上利奧哈（Rioja
Alta）酒莊的釀酒師會不懷好意地告訴
我，阿拉維沙的酒很香卻空洞，說的就是
這個吧！其實對我來說這不是缺點。如果跟上利奧哈相比，阿拉維沙的田帕
尼優紅酒可能淡一些，單寧也較少。一名在兩邊都有酒莊的釀酒師說：阿拉
維沙的酒體也許稍瘦一點，卻常有更多的礦石風味。聽來似乎阿拉維沙應該
更迷人。

除了自然環境，阿拉維沙的酒村也與利奧哈其他區不太相同，在這些
產酒小村中，有更多獨立自主的小酒莊。阿拉維沙的葡萄園只占利奧哈的
1/5，但是酒莊的數目卻占了1/2以上。最極端的例子如Villabuena小村，僅有
三百五十名村民，但竟藏身四十二家酒莊。在Logroño市，即使連周圍郊區的
酒廠都加在一起也不過十三家而已。阿拉維沙有更濃厚的自種、自釀和自己
販售的傳統，飲者與釀造者之間有更親近的關係，也有更多的酒莊可釀造小
眾風味的酒，不受過多的商業影響。這與下利奧哈由大型釀酒合作社主導，
以及上利奧哈掌握在大型酒商手中的酒業環境極為不同。

OYÓN

跟上利奧哈一樣，越往東邊就有越多的地中海影響，氣候也越溫暖，葡
萄也越容易成熟。阿拉維沙最東邊為Oyón（巴斯克語Oion），因離Logroño
市很近，較少巴斯克氣氛，主要集聚一些大型的酒商。例如Faustino酒莊及
同集團的Marqués de Victoria。另外，利奧哈商業大廠El Coto規模龐大的酒窖
及1889年建立的Valdemar也都位在村內。

41

1861年成立的Faustino酒莊擁有多達750公頃的葡萄園，在利奧哈無人可及。酒的風格比較老式些，酒瓶的外表也是，最知名的是Grand Reserva: Faustino I，有相當豐富的陳年香氣。採用法國橡木桶且添加25%Graciano的新式酒Faustino de Autor，酒香濃郁多變，有新式酒中少見的優雅。1995年Faustino買下隔鄰的釀酒合作社，改造成Marqués de Victoria酒莊。酒的風格更年輕新鮮也更濃厚些。

　　El Coto是家1970年代創立、擅長廠牌經營的現代化酒廠。在Oyón的酒窖裡有多達七萬五千只橡木桶用來熟成葡萄酒，以滿足每年近兩千萬瓶的銷售數字。El Coto雖然商業，但稱得上是最值得購買的日常利奧哈紅酒。酒的風格相當精確，採用100%的田帕尼優，且只用阿拉維沙加一些上利奧哈。

　　最低價的Crianza等級紅酒看似清淡卻極為柔和可口，是很適合佐餐、可喝上許多杯、簡單卻迷人的日常紅酒，雖經一年美國橡木桶的培養，卻仍相當新鮮。較高等級的Reserva跟Gran Reserva稱為Coto de Imaz，只用上利奧哈的葡萄。即使稱不上精巧多變，但風格也都相當均衡可口，單寧全都柔化。旗艦酒Coto Real卻是唯一混合品種而成，一樣有柔滑的單寧。

●1974年成立的Contino是利奧哈最早的獨立酒莊。除了Reserva也出產Graciano及風格更濃厚強烈的Viña del Olivo

● 有石牆圍繞的La-
guardia村是是阿拉維
沙的酒業中心

● Viña Real環狀的地下培養酒窖

▎LAGUARDIA

　　十二世紀古城牆環繞著的Laguardia雖看似小巧精緻的中世紀小村，但其實是阿拉維沙的酒業中心，有多達五十三家酒莊，連同鄰近小村，包括Artadi、Contino、Viña Real、Ysios、Palacios、Campillo、Torre de Oña和Páganos等眾多名莊齊聚，是阿拉維沙的精華區，也是利奧哈最值得一遊的酒村之一。由Oyón往西，在進入Laguardia前會先經過利奧哈最早的獨立酒莊Contino。45公頃的葡萄園沿著彎延180度的埃布羅河岸，位居整片的南向坡地上。山頂上則是CVNE集團的Viña Real酒廠。

　　Viña Real原本是1940年代之後CVNE採用阿拉維沙的葡萄釀成的精英酒款，比Imperial的上利奧哈，有更加優雅的風格。自從2004年新建成以加拿大紅色雪松蓋成的壯觀酒窖，現在Viña Real反而像是另一家獨立的酒廠，也產白酒跟Crianza等級的酒。Gran Reserva依舊釀得相當好，溫和柔細。單一葡萄園Pagos de Viña Real是從2001年開始的全新風格酒款，雖多新桶味，但單寧質地非常細緻。

43

●村子北邊，坎塔布里亞山腳下由聖地牙哥‧卡拉特拉瓦（Santiago Calatrava）所設計的Ysios酒莊

Contino則是1974年CVNE與Madrazo家族合作創設的獨立酒莊。因海拔較低且向陽，葡萄成熟快，特別是近河岸邊的卵石地，即使在阿拉維沙很難熟的Graciano都能有非常好的表現。而Contino在十年前就已推出100%的Graciano紅酒。2001年分現在顏色依舊紫黑，喝起來非常年輕多酸。Reserva是Contino最重要的酒款，85%的田帕尼優加入10%的Graciano混合成常有熟果及香料香氣、單寧甜熟、口感豐潤型的阿拉維沙紅酒。Viña del Olivo是採用比較高坡處的葡萄釀成，也混合更多Graciano，風格更濃厚強烈，有相當緊澀的細緻單寧。

Laguardia村西北邊，由聖地牙哥‧卡拉特拉瓦（Santiago Calatrava）所設計、屬Domecq Bodegas集團的Ysios酒莊是西班牙，或甚至全世界最搶眼的酒莊建築，不過釀成的酒也許易飲，但酒風卻相當平實。如果從酒的風格來看，村裡最知名的國際知名酒莊首推藏身在城牆間、1985年創立的Artadi。原本這是一家由五名葡萄農所組成、如合作社般的酒莊，取名Artadi-Cosecheros-Alavese，但現在卻是在西班牙擁有三家酒莊的集團。現在Artadi紅酒的風格相當嚴謹密實，頗多層次變化，以頗靈巧的方式將酸、澀與水果均衡地串聯起來。用很現代的方式表現了阿拉維沙紅酒的優雅。Viñas de Gain及較多老樹的Pagos Viejos最具代表。Grandes Añadas只產自特殊年分，Viña el Pison則是產自1945年種植的單一葡萄園。

● Laguardia村與位
居村子東邊的Cam-
pillo酒莊

　　Faustino集團的Campillo酒莊位在村子東邊，1990年才成立，採用
Laguardia附近的葡萄釀造全系列的葡萄酒，酒的風格跟Faustino相比顯得更
多酸，單寧質地也更絲滑。

　　緊鄰Laguardia西邊的Páganos小村內也有兩家知名酒莊。1987年由
Rodríguez de Remerulli家族成員建立的Torre de Oña，現在是阿羅鎮的Rioja
Alta酒莊的產業。這家仿照波爾多城堡的酒莊有50公頃葡萄園，只產一款
Reserva等級的酒Barón de Oña，風格頗精巧、細緻且多變，而且相當順口易
飲。另一家與村子同名的Viñedos de Páganos酒莊，則是San Vicente村Eguren
家族以獨立酒莊為本所新創立的。採用100%的田帕尼優釀造出相當甜熟濃
厚且多單寧的El Puntido和單一葡萄園La Nieta紅酒。

▌ELCIEGO

　　Elciego位在Laguardia西南方較靠近埃布羅河、海拔低一些的地方。村
內二十多家酒莊中包括歷史名莊Marqués de Riscal，也是阿拉維沙的最知名
產酒村之一。1858年開始興建的Marqués de Riscal酒莊是利奧哈最早模仿波
爾多方式釀酒的酒廠之一。Logroño市的Luciano de Murrieta也許早一點，但
他的酒莊卻是1878年才建立的。除了釀造技術，Marqués de Riscal在興建酒
莊時即已開始種植波爾多品種卡本內－蘇維濃，且一直延續至今。酒莊的

45

● 美國建築大師法
蘭克·蓋瑞（Frank
Gehry）設計的Ciudad
del Vino，有如誤降中
世紀酒村的太空船

旗艦酒Barón de Chirel，依年分不同有時甚至混入高達
50%。

　　Marqués de Riscal耗費三千萬歐元在酒莊內建造一座
由法蘭克·蓋瑞（Frank Gehry）所設計、外表新奇閃亮
的葡萄酒城（Ciudad del Vino），在酒莊一百五十年慶之
前完工，內設飯店、餐廳及葡萄酒療中心，為Elciego村
吸引許多好奇的訪客。除了粉紅酒，Riscal只產Reserva以
上等級紅酒，Reserva和Gran Reserva都頗具水準，風格也
稍微老式些。但Barón de Chirel則頗強勁堅實，有波爾多
梅多克（Médoc）紅酒之風。

　　Elciego村外的Viña Salceda酒莊在1970年代創立，現在是那瓦拉名廠
Chivité在利奧哈的產業，直接位在埃布羅河邊。跟在Chivité一樣，這裡的酒
也一樣釀得非常均衡細緻，但稍多木香及偏甜熟的果香，Conde de la Salceda
是最佳的酒。Domecq Bodegas集團的Domecq酒莊也位在村內，雖也是1970
年代的現代酒廠，且為跨國集團所有，但酒的風格卻頗具阿拉維沙在地
風味，特別是Gran Reserva等級的Marqués de Arienzo。不過柔和多果香的
Crianza紅酒才是Domecq最主要的產品。

▍SAMANIEGO 和 LABASTIDA

　　往西邊的Samaniego村位在坎塔布里亞山下，海拔相當高，村內有
Remírez de Ganuza和Ostatu兩家小型的名莊。Remírez de Ganuza是1989年才創
立的酒莊，以老樹葡萄園加上精選葡萄、長時間的泡皮及全新的法國木桶培
養。頗受酒評家好評，風格較為嚴肅緊澀。

　　附近的Villabuena村也有名莊Izadi和Louis Caña。前者是Anton家族所有，
1997年開始由Mauro酒莊的Mariano García協助釀造，為一家帶現代及國際風
格的酒莊。低價的Crianza不僅新鮮均衡，且極具潛力。Louis Caña雖有兩百
年釀酒歷史，但1970年代才轉型為商業大廠。酒的種類非常多樣，較少酒莊
風格。從年輕柔和的Crianza到強勁粗獷的Graciano都有生產。

　　阿拉維沙的領域往西在過了Samaniego村之後突然中斷，跨越屬於利奧哈省的San Vicente de la Sonsierra村，才繼續在Labastida村到達西邊的盡頭。曾在波爾多學習釀酒五年的Telmo Rodríguez，是西班牙當代葡萄酒新風貌的最重要推手，他在西班牙各地與當地葡萄農合作，用當地不受重視、種植原生品種的老樹葡萄釀造成風格現代，帶國際風卻又非常西班牙的葡萄酒。而Labastida村內的Remelluri酒莊即是Telmo Rodríguez最早開始試身手的家族酒莊，引進許多新式釀造法。75公頃的葡萄園包括深入坎塔布里亞山（Sierra Cantabria），全利奧哈海拔最高的葡萄園。Telmo Rodríguez在1999年離開Remelluri開創自己在西班牙各地的釀酒事業，而Remelluri則成為一家介於傳統與現代之間的調和酒莊。

　　村內也有頗具水準的合作社Unión de Cosecheros de Labastida，除了賣成酒給酒商，也以Solagüen為名生產高品質的瓶裝酒。Agricola de Labastida也很值得注意，是一家由葡萄農轉型的酒莊，經由親友間的運作，湊成25公頃的葡萄園，其中包括許多條件相當優異的老樹葡萄園。在眾多酒款中，以產自九十年老樹葡萄園的El Balisario最為特別，雖因產量低成熟度很高，但仍非常均衡優雅，有很多迷人的細節變化。價格僅及1/6的El Primavera紅酒更值得一嘗，僅有三個月的木桶培養，有著阿拉維沙最誘人的鮮美年輕。

● Elciego村的Viña Salceda酒莊

● Samaniego村的 Ostatu酒莊

下利奧哈 RIOJA BAJA

跟波爾多的下梅多克（Bas-Médoc）一樣，下利奧哈（Rioja Baja）確實不是很美麗的名字，也是個很少被驕傲地印在酒標上的名字。在利奧哈的傳統中，這裡產的高酒精紅酒主要用來增強欠缺酒體的上利奧哈田帕尼優，像是陪襯的綠葉，而不是單獨裝瓶的主角。確實，如果從田帕尼優來說，因為乾燥炎熱，在下利奧哈的自然環境中，很難釀出像上利奧哈和阿拉維沙那般優雅的紅酒。不過要釀出迷人的格那希卻是容易很多。

● Alfaro鎮位在利奧哈的極東邊，與那瓦拉自治區相鄰

極耐乾熱的格那希雖然在亞拉崗（Aragón）的Campo de Borja產區或加泰隆尼亞（Catalunya）的普里奧拉（Priorat）產區都頗受肯定。但在利奧哈，卻仍常被認為是二線品種。也因此現在的下利奧哈已不再是格那希的天下。田帕尼優跟在上利奧哈一樣是最重要的品種，且占滿了平原區上那些需要靠人工灌溉的廣闊葡萄園。許多格那希老樹都逃不過被連根拔起的命運。

當然，經過許多酒莊的努力，產自下利奧哈的格那希紅酒除了作為調配的原料，釀造成單一品種葡萄酒，或擔任混合中的主要品種，也逐漸在利奧哈的葡萄酒風格中占了一席之地，雖然仍可能是比較不受注意的那一席。

雖只是用來調配，許多傳統派的上利奧哈酒莊卻頗喜愛下利奧哈的格那希，特別是產自Alfaro和Aldeanueva de Ebro鎮南邊的Yerga山脈的葡萄。此山

● Alfaro鎮南，Yerga
山高坡處的田帕尼優
葡萄園

海拔1,000公尺，北面的山坡貧瘠多石，有許多石灰質，加上比較涼爽，有
極佳的葡萄種植環境。除了格那希，也頗適合田帕尼優，跟肥沃的平原區所產
的紅酒相比，更均衡也更有個性。

　　除了酒商，在下利奧哈也有相當多的釀酒合作社，過去他們主要將釀好
的葡萄酒賣給上利奧哈的酒商，很少自己裝瓶，但現在也開始推出自己的酒
款，如Calahorra市的合作社Dunviro、Yerga山下Autol村的Marqués de Reinosa
及Aldeanueva de Ebro鎮的Viñedos de Aldeanueva，生產可口卻非常廉價的利
奧哈紅酒。

　　區內最知名的獨立酒莊首推與El Coto同一集團的Barón de Ley。位在那
瓦拉（Navarra）境內的Mendavia鎮，擁有320公頃的葡萄園，主要採用田
帕尼優釀造，但也種了些卡本內－蘇維濃，風格比El Coto來得甜熟濃厚。

49

Aldeanueva de Ebro鎮的Ruiz Jiménez跟上利奧哈的Ijalba與Puelles酒莊一樣，是少數強調有機種植的利奧哈酒莊。他們55公頃的葡萄園位在靠近Yerga山脈海拔500公尺的山坡，釀成的Valcaliente紅酒頗具潛力和架勢。

但無論如何，Alfaro鎮上的Palacios Remondo卻是現在下利奧哈最受矚目的酒莊。1948年成立的Palacios Remondo在靠近Yerga山，海拔500多公尺、滿布鵝卵石的山坡地帶，擁有95公頃的葡萄園莊園Finca la Montesa。普里奧拉的明星釀酒師Alvaro Palacios即出生於此釀酒家族，不過在很年輕的時候，他就已離家開創自己的葡萄酒事業。2000年父親過世，隔年Alvaro Palacios從家族成員手中買下所有股分，獨自經營這家由他父親創立的酒莊。Alvaro Palacios的回歸，為利奧哈葡萄酒創造一些新的可能性，當然也引來更多人對下利奧哈的注意。例如以100% Viura釀造的Plácet雖然濃厚強勁也多法國橡木香氣，但仍新鮮均衡，頗具個性，似乎經瓶中熟成後可以更佳，是新版利奧哈白酒的代表之一。

Alvaro Palacios讓最年輕簡單的酒La Vendimia採用100%的田帕尼優，但高等級的酒如La Montesa和Propiedad則採用較多的格那希。Propiedad帶有香料、礦石及新鮮乾淨果味。口感厚實、均衡且甜美圓潤。標誌了一種全新、專屬於下利奧哈的現代風格。

● 以酒莊自有葡萄園
Finca la Montesa為
名的La Montesa紅酒

巴斯克
EUSKADI / PAÍS VASCO

除了如來自遙遠異國、極為奇特饒舌的語言，

巴斯克人對於人生，在樂天知命外，

還有著西班牙少見的認真和嚴肅。

這裡確實不像西班牙，沒有內地高原的粗獷氣，

擺到巴斯克餐桌上的，

是全國最細緻也最豐盛的精細菜色，以及微帶著一點氣泡，

經常酸得讓我牙齒發疼的Txakoli白酒。

巴斯克
EUSKADI / PAÍS VASCO

● 大西洋岸常稱為綠色的西班牙，本地產的酒，如圖中巴斯克的Txakoli產區，大多是相當酸瘦的白酒

「巴斯克」西班牙文稱為「País Vasco」，不過根據他們自己的語言巴斯克語，這裡叫作「Euskadi」。這個西班牙最獨特的自治區位在大西洋與庇里牛斯山的交會處。個性堅毅強烈的巴斯克人一直保留他們神秘奇特的語言及完全異於歐洲各民族的另類文化。和隔鄰的法國庇里牛斯山區（Pyrénées）有著共同的語言及文化。

巴斯克的葡萄酒稱不上特別迷人，也許先談談這裡的美食。

在西班牙，巴斯克料理是美食的代名詞，也是西班牙新式精緻廚藝的發源地，將老舊的傳統菜揮灑出與世界同步的新創意菜色，並帶著濃郁的巴斯克風。認真嚴肅的巴斯克人在餐點上的功夫勝過西班牙內地甚多，只有加泰隆尼亞可以媲美。例如位在貝殼灣畔（La Concha）的海岸度假小城聖塞巴斯提安（Donostias，西文為San Sebastián），10公里內有八家米其林星級餐廳，而其中有三家是三星餐廳，事實上，這樣等級的餐廳在全西班牙目前也才六家。對於僅有十八萬人口的城市而言，這確實非比尋常，甚至絕無僅有。

巴斯克可發展出如此精緻的美食氣氛，也許因為鄰海近山，雖然地形狹隘少有平原，卻有豐富的山海產，伴隨本地濃厚的地方風味，出產許多美食特產。也可能是因為巴斯克海岸百年來一直是王公貴族和文人雅士齊聚的度假盛地。但事實是，現在的美食盛況與過去的政治環境有很大的關聯。1940到1970年代的弗朗哥（Francisco Franco）專政時期，曾嚴禁各種帶種族獨立色彩的聚會。巴斯克獨立運動的社團紛紛以美食社團的名義掩人耳目，定期集會。在商討政治之餘，順便若有其事地做菜、交換巴斯克食譜，這是巴斯克地區獨有眾多美食社團的由來。

現在，不同的社團及行業都設有各自的美食社，經常聚會用餐。美食社的所在地都附設廚房，有齊全的設備和材料，甚至有「駐社主廚」，平時由會社採買食材，會員也會帶來自家的特產，展現廚藝讓其他會員品嚐。當烹調及享用美食成為全民運動時，就不難想像巴斯克會成為西班牙的美食重鎮。最諷刺的是，這還得感謝極權統治的弗朗哥。

西班牙其他地方的夜晚是從供應塔巴斯（Tapas）小菜的酒吧開始，在巴斯克地區，這種站著吃的開胃小菜叫「班丘斯」（Pintxos），有全西班牙最細緻多變的菜色。其他地方是直接跟服務生點盤小菜，但在巴斯克常常是十幾二十款用牙籤串住的美味小點全擺在吧台上，顧客想吃什麼就自行拿取，算帳時記得吃了幾串就可以了。

而巴斯克本地生產的白葡萄酒稱為「Txakoli」，大多是在這樣的酒館裡被享用。服務生將酒臨空倒入有如大型威士忌杯的玻璃杯裡，讓酒多接觸一些空氣，極強的酸味可以柔和一些，不會那麼酸瘦難以入口。我總覺得這是因為巴斯克酒館而存在的葡萄酒。如果沒有這些酒館，我想我應該很難喜歡上Txakoli。

● 位在畢爾包附近的Bizkaiko Txakolina產區

53

因為緊鄰大西洋，巴斯克的氣候寒冷潮濕，葡萄很難成熟。這裡產的葡萄酒大多為年輕早喝的白酒。通常酒精度低、口感清淡，帶著一點氣泡，常有讓我牙齒發疼的酸味。巴斯克的地形狹隘多山，葡萄園不多，且常位在面海陡坡上，種植面積不大，三個DO（Denominación de Origen）法定產區加起來也只有600公頃的葡萄園，釀成的酒也大多在本地及分布在西班牙各地的巴斯克酒館中被喝完。三十年前這些酒根本從未裝瓶，直接用木桶運到酒館飲盡。

　　Txakoli採用的是本地特有的Ondarrubi Zuri葡萄。有些酒莊也產一點Txakoli淡紅酒，用的是Ondarrubi Beltza葡萄，常帶粗獷的草味。三個產Txakoli的DO產區以位在聖塞巴斯提安的Getariako Txakolina比較知名，不過我實在喝不出之間的差別。我唯一拜訪過的酒莊是位在Bizkaiko Txakolina產區、離畢爾包（Bilbao）不太遠的Doniene Gorrondona Txakolina酒莊。除了一般清淡的Txakoli，這家酒莊也產稍微濃厚些、多些礦石味，甚至還有經橡木桶發酵培養的超級Txakoli：Doniene，比我喝過的所有Txakoli都濃上許多。

　　如果喝紅酒，巴斯克酒吧裡幾乎清一色是利奧哈，也算是地酒，因為利奧哈北邊的Alavesa區正是位在巴斯克自治區的內陸Álava省境內。這部分在〈利奧哈〉這章已有專篇討論。

● Doniene Gorrondona酒莊的Txakoli白酒

● 經橡木桶發酵培養的Txakoli: Doniene

加利西亞 GALICIA

開車穿越西班牙遼闊單調的紅土高原來到西北角落的加利西亞，

會有闖入另一個國度的錯覺。

除了豐沛的海產，大西洋也帶來西班牙少見的冷涼和潮濕。

這讓加利西亞得以一年四季都翠綠得像蘇格蘭，

經常瀰漫的霧氣飄盪在高低起伏、山海交錯的謎樣風景中，

讓人不由自主地相信，

會有騎著掃帚的巫婆從蓊鬱的樹林間悄然飛過。

加利西亞 GALICIA

很不像西班牙、偏處西北角兩面環海的加利西亞自治區（Galicia），在文化上與英國的蘇格蘭和法國的布列塔尼（Bretagne）相近，屬於塞爾特文化（Celtic culture）的一支，不僅語言和生活方式不同，即使連這裡的景致都非常不像西班牙，完全沒有高原上的乾燥和暴戾，也沒有地中海岸的熾烈陽光，大西洋帶來豐沛的海產，也帶來涼爽的氣候及潮濕的水氣，讓加利西亞一年四季都翠綠得像蘇格蘭，經常瀰漫的霧氣飄盪在高低起伏、山海交錯的謎樣風景中，讓人不由自主相信會有騎著掃帚的巫婆從蓊鬱的樹林間悄然飛過。開車穿越西班牙遼闊單調的紅土高原來到加利西亞，會有闖入另個國度的錯覺。

不過，作為葡萄酒鄉，加利西亞景致雖然優美，但涼爽潮濕的氣候和過於肥沃的土地卻不利於葡萄的生長，不僅葡萄不易成熟，也容易得病，釀成的酒不僅滋味淡、酸味高，且細瘦單薄，特別是在近海岸區。很多紅酒喝來總顯得有些空洞，和西班牙高原上那些非常飽滿、口感雄壯厚實的濃烈紅酒比起來，只能算是輕羽量級的淡紅酒，但這樣的風格並非全無可取之處，容我稍後再談，因為白酒更有趣。

● 從內陸的紅土高原來到翠綠的加利西亞，會有闖入另個國度的錯覺

● 加利西亞特有的阿爾巴利諾原本被認為是德國朝聖者帶來的麗絲玲

　　涼爽少陽光，白葡萄可緩慢成熟，一來保留酸味，同時也留住新鮮果香，而這兩者正是大部分西班牙白酒最欠缺的。有著清新如檸檬般的水果香氣，加利西亞特有的阿爾巴利諾葡萄（Albariño），更突顯了這樣的白酒風格。跟在紐西蘭Marlborough生產白蘇維濃（Sauvignon Blanc）一樣，在加利西亞，極簡單自然地，就可釀出清爽多香、需趁新鮮早喝的干白酒。沒費太多力氣，加利西亞或更精確地說，最靠近海岸、種植最多阿爾巴利諾的Rías Baixas DO產區，於是就成了西班牙最佳的白酒產地。

　　除了巫婆、塔巴斯名菜，加利西亞章魚（pulpo a feira）及首屈一指的海鮮，加利西亞也是天主教的朝聖地。西元九世紀，一名苦修隱士號稱在星星的指引下，於伊比利半島（Iberia）西北端、鄰近大西洋的地方找到耶穌門徒聖雅各（San Diego）的遺體，亞斯圖里亞國王阿方索二世（Alfonso II el Casto, 1157-1196）興建教堂安奉，教皇更宣稱只要步行前往朝聖，即可消除罪惡，升上天堂。從十一世紀至今，信徒們不絕於途，此為基督教三大聖地之一——加利西亞的聖地亞哥市（Santiago de Compostela）。

　　千年來，許多東西被朝聖客帶來和帶走。阿爾巴利諾也曾被認為是由朝聖客自德國帶來的麗絲玲（Riesling）或Savagnin Blanc（Traminer），經數百年隨當地環境演化而成的變種。雖然在三十年前只是加利西亞人自種自釀自飲的葡萄酒，但阿爾巴利諾現在是西班牙最引以為傲的白葡萄品種，是全國平均價格最高的葡萄之一。且連紐、澳及美國也都有酒莊加入種植的行列。新近的基因研究已確定阿爾巴利諾是加利西亞原生的葡萄，跟葡萄牙北部的Alvarinho屬同一品種，倒是現在澳洲的阿爾巴利諾有很多其實是Traminer。

　　在加利西亞眾多葡萄酒產區中，最知名的當屬Rías Baixas（在加利西亞語中意思為下海灣區），採用的幾乎都是阿爾巴利諾葡萄。因阿爾卑斯造山運動隆起的坎塔布里亞山脈（Cordillera Cantábrica）直落大西洋岸，在加利

57

西亞形成了曲曲折折、長達1,200公里的崎嶇海岸。這些深入內陸的峽長海灣本地稱為Rías，不僅提供岩礁魚類和蚌蟹類的生長環境，也形成許多天然良港，更是絕佳的養殖環境。

在眾多的峽灣中，以維哥峽灣（Ria de Vigo）最為著名，除了是西班牙最重要的生蠔產地，維哥市更是歐洲最大魚市所在，有全歐最多樣的海鮮，而其中最特別的是帶著海水碘味、Q滑多汁的龜足（percebe，一種不能移動的蟹類）、甜蝦（camarón）、鳥蛤（Berberecho）及海魴（San Pedro），也都是加利西亞最令人口水直流的美味海產。維哥港邊有難以數計的海鮮餐廳，但隱身在峽灣旁的海鮮小館更是品嘗加利西亞風味的最佳地點，沒有招牌，沒有菜單，本港現流，簡單烹調，卻更讓人難忘，就像本地農家自釀的阿爾巴利諾白酒。

● 維哥市是歐洲最大魚市所在，有全歐最多樣的海鮮，港邊有難以數計的海鮮餐廳

加利西亞人比西班牙其他地方更愛過著自給自足的田園生活，在下海灣區的鄉間，幾乎每家每戶在菜圃與庭院間都種有阿爾巴利諾葡萄。他們像照顧庭園般地照料經常不到1公頃、直接與後院連成一片的葡萄園，他們採用西班牙相當少見的高藤架種植，葡萄樹下能養雞，春天時甚至還能種植青菜。自己採收，用極簡單的設備釀造自家喝的白酒，專業酒莊反而是晚近才發展起來的。濕冷的環境也許不利葡萄成熟，但在這樣自足的環境裡，不用太熟的葡萄，葡萄農也能

● 1904年創立的Bodegas del Palacio de Fefiñanes酒莊

● Santiago Ruiz的酒標上印著莊主女兒婚禮請帖上寄給賓客的酒莊地圖

輕易釀出簡單自然的干白酒。阿爾巴利諾講究的正是年輕新鮮、自釀自飲的Rías Baixas，品質其實也不見得比不上商業大廠。

　　但無論如何，Rías Baixas還是有些歷史悠久的名莊，像1892年創立的Santiago Ruiz和1904年的Bodegas del Palacio de Fefiñanes。其餘的歷史很少超過三十年，且有很多都是由其他產區，特別是利奧哈的酒廠所投資設立。其中最知名的包括Rioja Alta所投資的Lagar de Cervera、屬於Murrieta集團的Pazo Barrantes、Mura投資的Fillaboa及Marqués de Vargas的Pazo San Mauro等。而事實上，Santiago Ruiz現在也已變成是Bodegas Lan的產業。

　　Rías Baixas的產區範圍頗廣，即使近年來葡萄園大幅激增，但也才3,600公頃，卻還分為六個副產區，不過只有三個較為重要，最濕冷、離海最近的Val do Salnés有最多葡萄園，釀成的酒較清淡多酸，是主流的阿爾巴利諾

● Ribeira Sacra產區以種植於陡峭板岩山坡上的Mencia葡萄所釀成的紅酒開始受到國際的注意

的傳統典型。Palacio de Fefiñanes、Pazo Barrantes和Valdamor等名廠都位在此區。

加利西亞南部以Miño河與葡萄牙為界，邊境西邊近海的O'Rosal，是另一重要傳統產區，除了阿爾巴利諾，也混合Treixadura和Loureira等品種一起釀造，香氣最為豐富，Santiago Ruiz、Lagar de Cervera（主要葡萄園在此區）和Terras Gauda則是本區代表酒莊。

邊境東邊一點較偏內陸的Condado do Tea是新近發展的精華區，因氣候比較乾燥多陽，也溫暖一些，同時也有較多起伏的山坡，釀成的阿爾巴利諾有更豐厚的口感和成熟的果香，是Fillaboa、Pazo San Mauro、Viña Nora、Lusco do Miño和La Val等新銳名廠的集中區。

阿爾巴利諾大多在不鏽鋼槽中發酵，釀成後則盡快裝瓶保留新鮮果味。不過近年來有越來越多的酒莊嘗試用橡木桶培養，或甚至在桶中發酵，雖然價格比較昂貴，例如Viña Nora頗知名的Noraneve，但橡木桶味似乎與阿爾巴利諾不是非常合得來，成功的例子並不多。Rías Baixas也產極少量的紅酒，大多酸瘦清淡，加利西亞精采的紅酒產自東邊更內陸的Ribeira Sacra地區。

　　鄰近加利西亞的Bierzo是卡斯提亞－萊昂自治區（Castilla y León）東北角落的新興產區。Bierzo讓門西亞葡萄（Mencia）一夕間成為西班牙的知名品種。相隔不遠的Ribeira Sacra產區也同樣種植這個品種，這裡產的紅酒近年來也開始受到注意。比Bierzo更接近大西洋的Ribeira Sacra有更涼爽和潮濕的氣候，但又比Rías Baixas乾燥溫暖許多。葡萄園大多位在Sil河谷，陡峭板岩山坡的狹窄梯田上。這裡還維持著更多自釀自飲的傳統，大多是新鮮多果香、柔和可口的類型。不過，外來的知名釀酒師用藍黑色板岩上的老樹，也釀出一些帶有礦石香氣、驚人的新版本門西亞紅酒。如Raúl Pérez的El Pecado和Sarah Pérez的La Cima。Ribeira Sacra也產一點白酒，以Godello和阿爾巴利諾為主。前者是隔鄰的Valdeorras產區的特產。

　　Godello是跟阿爾巴利諾風格對反的葡萄品種，顏色較金黃，雖有果香，但不及阿爾巴利諾奔放。偶而也有優雅花香，但常偏蘋果和水蜜桃香，口感油滑圓潤，酒精度較高。唯一與阿爾巴利諾相似的是相當多酸，足以保持均衡，是加利西亞最優秀的品種之一。如果說拿阿爾巴利諾比作麗絲玲，那麼Godello就類似灰皮諾（Pinot Gris），且可能更精巧多酸些。雖然在隔鄰的Bierzo跟加利西亞的幾個產區都有種植，但都不及也一樣位在Sil河谷的Valdeorras產區，除了果香，更常有礦石香氣。

● Godello是西班牙白酒的新明星品種，Valdeorras是最重要的原生產區

● 不同於大部分的西班牙白葡萄品種，Godello相當適合在橡木桶中進行發酵和培養

　　釀造完成後，讓死酵母跟葡萄酒泡長一點時間可以讓Godello的口感更圓厚些，這樣的酒會在標籤上標示sobre lías。雖然僅有幾個月的差別，但在特別強調白酒鮮度的西班牙，算是頗大的差距。除了一般的釀法，釀酒師Rafael Palacios以來自Val do Bibei谷地的Godello老樹所釀成的As Sortes白酒也證明，Godello頗適合橡木桶發酵。而Val de Sil酒莊的Pezas da Portela僅經橡

61

● 有特殊的花果香氣的Treixadura葡萄，在Ribeiro產區比較常見，主要用來與阿爾巴利諾混合

木桶培養，酒香和木桶香氣也融合得相當協調。不過這都只是近年才出現的酒款，似乎經長時間的換瓶呼吸後有更好的表現。但無論如何，不鏽鋼桶釀造的Godello已非常迷人可口，如果讓我選，Godello應該是目前西班牙最優秀的白葡萄品種。

位在Condado do Tea往東邊更內陸地區的Ribeiro，也是加利西亞重要的產區，紅、白酒都產，但白酒是強項，常混合許多地區傳統品種，如Treixadura、Torrontés、Loureira和Godello釀成干型酒，有時也產些甜白酒。較低價的酒款則大多添加較多的帕羅米諾（Palomino）。新近的Viña Mein是本地最受注意的酒莊，不過最大的釀酒合作社Vitivinicola del Ribeiro也產非常多平價可口的白酒，特別是Costeira系列的多款白酒。另外，也有像Emilio Rojo這種手工少量釀造的微型酒莊。混合多種以傳統品種釀成，質地厚實，似乎也可以耐久。

東邊一些的Monterrei產區也主產混合Godello等多種傳統品種的白酒，有不錯的酸味。不過本區也曾種植許多較平凡的Palomino。

● 風格奇異，Emilio Rojo酒莊混合多種傳統品種釀成的Ribeiro白酒

那瓦拉 NAVARRA

1034年，西起大西洋岸，東及地中海，

整個西班牙北部都在那瓦拉國王桑喬三世（Sancho Garcés III）的統領下。

那是最極盛的年代，

但現在，卻是擠在巴斯克、利奧哈和亞拉崗之間的10,000平方公里裡。

連這裡產的葡萄酒，都必須費許多力氣，

才能從利奧哈的陰影中展露出一點自我。

那瓦拉 NAVARRA

在葡萄酒的地圖上，那瓦拉（Navarra）有如附加在利奧哈（Rioja）的小產區。雖有些不同，但出產的葡萄酒與利奧哈有頗多相似的地方。而且，也確實有一小部分La Rioja DOCa產區的葡萄園是位在那瓦拉境內。近年來西班牙許多葡萄酒產區都重新找到自己無可取代的獨特方向，儘管那瓦拉的葡萄酒業也許已努力從利奧哈的巨大陰影中脫身，但卻一直不是讓我感到驚喜的葡萄產區，雖然區內的Julián Chivité長年來都是我頗欣賞的酒莊。

那瓦拉雖與巴斯克有許多歷史及文化上的淵源，且現在北部地區仍有許多通行巴斯克語的巴斯克族群，但那瓦拉卻還是選擇獨立成為一個自治區。跟利奧哈一樣區內只有單一省分。1034年那瓦拉國王桑喬三世（Sancho Garcés III）所統領的範圍西起加利西亞東至巴塞隆納，廣及整個西班牙北部，是那瓦拉最極盛的年代。但現在卻是擠在巴斯克、利奧哈與亞拉岡之間的10,000平方公里裡。

即使不是特別廣闊，但北起庇里牛斯山（Pyrénées）往南到埃布羅河（Ebro）之間，卻有非常多變的自然環境，在葡萄酒的釀造上似乎有太多的可能，不像亞拉岡（Aragón）的格那希（Garnacha）、巴斯克的Txakoli和利奧哈的田帕尼優（Tempranillo）有非常明確、讓人印象深刻的風格。也因此，Navarra DO產區還分成五個分區，不過能記得的人不多，也很少出現在酒標上。

● 那瓦拉名廠Chivité在Tierra Estella副產區的Señorío de Arinzano莊園，現在已經升級為Vinos de Pago

64

　　跟利奧哈一樣，格那希和田帕尼優是最重要的兩個品種，前者在三十
年前幾乎占了90%的種植面積，主要集中在較炎熱乾燥、位在南部埃布羅
河沿岸的平原區（稱為Ribera Baja副產區），但現在大部分已改種田帕尼
優和法國品種。除了釀造清爽的粉紅酒，釀成的紅酒與下利奧哈及亞拉岡
的Campo de Borja頗為類似。田帕尼優在各區都有，但在比較涼爽、海拔較
高、有較多大西洋影響的北部產區似乎表現得特別好（例如Ribera Alta跟
Tierra Estella副產區）。同是利奧哈的Graciano也算常見。這裡也種植不少
卡本內－蘇維濃和梅洛（Merlot）。白葡萄並不多，但有不少夏多內品種
（Chardonnay），也跟利奧哈一樣有些Viura，另有一些釀造甜酒用的蜜思嘉
（Moscatel），且是較細緻的Moscatel de grano menudo。

　　歷史可上溯至1647年，Julián Chivité是那瓦拉的代表性酒莊，在這裡的
地位有些像是加泰隆尼亞（Catalunya）的Torres酒莊。酒莊位在南部的Ribera

● Vinicola Navarra價格低廉的可口粉紅酒

Baja，離利奧哈和亞拉岡邊境不遠的Cintruénigo鎮。Julián Chivité比較大眾
的品牌稱為Gran Feudo，無論是粉紅酒、Crianza和Reserva等級都釀得相當
好，且價格低廉。高級的酒款品牌稱為Colección 125, Reserva紅酒以田帕
尼優配合一些梅洛或卡本內－蘇維濃，大部分的年分都釀得相當成功，極
為嚴謹認真調配出相當細緻多變化、結構密實、自年輕到成熟都相當可口
的頂尖紅酒。

　　Colección 125的白酒為100%夏多內經木桶發酵培養完成。也許帶國際
風，但卻有讓酒喝起來相當靈巧的迷人酸味。十五年前，我曾到布根地
（Bourgogne）墨索村（Meursault）參加La Paulée de Meursault，在這個慶祝
完成採收的餐會裡，村內的酒莊莊主們帶著自己珍藏的Meursault白酒到墨索
城堡與會。我有點膽怯將Julián Chivité兩瓶裝的Colección 125夏多內白酒放
到桌上。「太多橡木桶味了！」「不會是美國酒吧？誰帶來的？」我以為不
是很受歡迎，但擠在墨索村的名酒間最後還是全被喝光。Colección 125的甜
酒也相當有趣，以遲摘（Vendimia Tardía）的蜜思嘉釀成非常多熱帶水果香
氣，但酸甜均衡的可口甜酒。

●由Rafael Moneo
設計的Señorío de
Arinzano酒窖

　　Chivité的酒釀得即使再好，總感覺缺少一點個性。1988年他們在北部
Tierra Estrella副產區Aberin附近買下一整片300公頃的Señorío de Arinzano莊
園，重新整理種植葡萄園，在這個較涼爽的地帶，Colección 125的酒開始變
得更精緻，而不是一味地好喝。2000年莊園內另外興建一個極為完美的酒
窖，且開始將一小部分最精華的紅酒保留下來。2007年底Señorío de Arinzano
通過申請成為Vino de Pago（見第12章231頁），推出的Arinzano紅酒採用更
高比例，極優雅精細的田帕尼優，有著更深沉的礦石香氣。

　　除了Gran Feudo，Vinicola Navarra和Ochoa也生產價格低廉的可口紅酒，
即使我認為酒釀得相當好的Castillo de Monjardin酒莊，也一樣有很精采的平價
酒。這家位在Tierra Estrella副產區極西緣的酒莊，有特別涼爽的氣候。經橡木
桶培養，極為新鮮強勁的夏多內白酒，以及豐滿優雅、多香的梅洛紅酒Deyo
都僅賣7歐元。如果有美中不足的地方，也許就在於這裡全種植法國品種。

67

Bodegas Otazu是另一家精英酒莊，位在那瓦拉產區的極北邊，曾經不被畫在DO產區範圍內的地方（Valdizarbe副產區內）。也一樣是以夏多內、卡本內－蘇維濃和梅洛為主釀成的較偏國際風格的葡萄酒。2008年底，Otazu也獲得升級成為Vino de Pago，不過要到2010年才會推出此等級酒款。稍早一些，位在Tierra Estella副產區的Prado de Irache酒莊也通過申請。不過這是一家未曾品嘗過也沒聽說過的酒莊。

在Ribera Alta產區的Bodegas Inurrieta也頗有趣，是一家擅長表現那瓦拉多樣個性的酒莊，例如取名南方：Sur的紅酒以格那希為主釀出頗多香料氣息的豐滿紅酒。取名北方：Norte和旗艦酒Altos de Inurrieta以卡本內－蘇維濃混合梅洛，釀出頗高雅的波爾多風味。

1996年，利奧哈的Artardi酒莊在那瓦拉北部Valdizarbe副產區投資興建Santa Cruz de Artazu酒莊。單單只採用為大部分精英酒莊所遺棄的格那希釀酒，除了引起國際葡萄酒界對那瓦拉的注意，同時也向世人證明格那希在那瓦拉的潛力，不該只是用來釀造粉紅酒。年輕可口的Artazuri和多些新木桶的Santa Cruz de Artazu兩款酒都頗多香料和熟果香氣，以及豐滿的口感。

● 位在Tierra Estella副產區極西緣的Castillo de Monjardin酒莊，有特別涼爽的氣候，可釀出新鮮強勁的夏多內白酒

亞拉岡 ARAGÓN

這裡確實曾經輝煌過，

十五世紀時，領土一直延伸到西西里和義大利南部。

肇因於亞拉岡國王與卡斯提亞女王的聯姻，

才得以有日後強盛的西班牙。

但今非昔比的對照，卻反而顯出亞拉岡蒙著的僕僕風塵。

不過是幾年前，很少人會相信這裡能像現在這樣，

成為世界級的頂尖格那希紅酒產地。

亞拉岡 ARAGÓN

● 由Viñas del Vero
投資的頂級獨立酒莊
Blecua

總有十多回吧！每次經過都是在奔波趕路之間。夾在利奧哈與加泰隆尼亞之間的亞拉岡（Aragón），是我過去十多年來最常開車經過，卻從未停留過的西班牙自治區。也許算是偏見，總覺得亞拉岡除了埃布羅河岸有些綠意，似乎都是遼闊無際、乾燥粗獷的荒涼莽原，很難喚起我一探亞拉岡的熱情。這裡確實曾經輝煌過，十五世紀時，統領從西班牙東部一直延伸到科西嘉（Corsica）、薩丁尼亞（Sardinia）、西西里（Sicilia）和義大利南部的領地，是當時歐洲的最大強權之一。西班牙得以成為一個國家，也肇因於十五世紀亞拉岡國王斐迪南二世（Fernado II）與卡斯提亞（Castilla）女王伊莎貝拉一世（Isabella I）聯姻後組成的聯合王國。但今非昔比的對照，卻反而顯出亞拉岡蒙著的僕僕風塵。

　　為了葡萄酒，最後還是專程去了兩趟亞拉岡，拜訪Campo de Borja和索蒙塔諾（Somontano）兩個DO產區。後者沒太多釀酒傳統，但確實是讓亞拉岡耳目一新的新興明星產區，稍後專章討論。但Campo de Borja及Calatayud、Cariñena這三個產區，特別是最知名的後者，跟亞拉岡一樣，在歷史上也許曾風光過，但已有很長一段時間主要生產外銷到法國、混合成廉價紅酒的散裝葡萄酒。

● Somontano產區不只酒風新式，葡萄園也都以現代方式管理種植

釀酒合作社在這幾個產區都扮演最關鍵的角色，獨立酒莊不多。即使如此，這幾個都是以格那希（Garnacha）為主的DO產區，在極短的幾年之中，水準都極快速地提升，關鍵只在於他們總算看到生長在乾燥坡地上，那些格那希老樹的潛力。

　　在整個埃布羅河流域，亞拉岡這段是最乾燥炎熱的區域，最適合也種得最多的品種自然是耐乾熱的格那希。大部分都還是傳統式的en vaso種法，種植密度很低，也無人工灌溉，葡萄產量自然低。因為成熟容易，釀成的紅酒酒精度高，新鮮果味不多，卻相當濃厚，相較上游的利奧哈，屬於粗獷不細緻的類型。格那希隨著普里奧拉產區（Priorat）的成名受到注意，濃厚型高酒精的紅酒在全球最大市場美國的流行，以及新式釀酒技術保留新鮮果香及柔化單寧，這些條件都帶給亞拉岡新的機會。

● Campo de Borja產區的葡萄園，大多是無灌溉設備的en vaso傳統式栽培

　　在西班牙許多產區，格那希都有計畫地改種成田帕尼優（Tempranillo），但在亞拉岡卻還有滿山遍野的格那希老樹，而且即使是那些品質較優秀、來自較高海拔的老樹葡萄園所釀成的酒，在這裡仍可廉價供應。除了田帕尼優，也引進卡本內－蘇維濃等法國品種，其中希哈葡萄表現得特別好，可與格那希混合成更均衡豐富的紅酒。

Cariñena是亞拉岡面積最大的DO產區，雖以Cariñena這個品種為名，但還是主要生產以格那希為主釀成的紅酒，Cariñena反而只占7%。區內有Pago de Aylés以新式種植法混合傳統與法國品種，釀出具現代風的紅酒。Calatayud位在最南邊，也最不知名，但似乎更具潛力生產兼具均衡與強勁的紅酒。現在許多合作社已釀出頗具水準的紅酒。不過最成功的當屬以Las Rocas紅酒聞名的San Alejandro酒莊。另外Oro Wines由澳洲釀酒師Sarah Morris釀造的Bodegas Ateca也相當成功，從低價的Garnacha de Fuego到頂級的Atteca Armas都顯得均衡多酸，且有極細緻的單寧和混合著香料的新鮮果味。

Campo de Borja位在最西邊。十五世紀教皇卡利斯圖斯三世（Callistus III）為西班牙人，原名為Borja，在此擁有土地而有此特殊的產地名（Campo de Borja有Borja的農田之意）。全區7,000多公頃的葡萄園超過一半由1984年成

● 將運往Bodegas Aragonesas釀酒合作社釀造，剛採摘完的格那希葡萄

立的釀酒合作社Bodegas Aragonesas釀造。即使規模如此大，但卻是一家在釀酒技術上相當成功的合作社，酒的風格現代，也非常均衡。

　　Coto de Hayas是主要的品牌，有十多款不同價位及風格的葡萄酒，但即使是最便宜市價3歐元的年輕紅酒Tinto jóvenes及粉紅酒，都釀得新鮮多汁、性感迷人。採用百年格那希老樹釀造的Garnacha Centenaria有相當圓熟細緻的單寧和香料熟果香氣，只賣10歐元。精選格那希釀成的旗艦級Fagus更深沉濃厚，也更多酸和細緻變化，市價雖為21歐元，但比由澳洲釀酒師Chris Ringland釀造，Alto Moncayo酒莊酒精常超過16%，口味濃縮，多木桶味，每瓶上百歐元的Aquilón要來得可口。不過Alto Moncayo的一般級和入門級Versatón紅酒則較為均衡，但仍屬華麗多酒精風格。

　　2001年成立、聯合數家合作社的Borsao酒莊，也是年產六百萬瓶的大廠，風格比Coto de Hayas更甜熟多酒精，也更美式一些，如旗艦酒Tres Picos，但同樣價美物廉。

● 格那希逐漸成為國際知名品種後，主要種植格那希的亞拉岡也開始有機會吸引更多酒迷的眼光

● 華麗多酒精風格的Alto Moncayo酒莊

索蒙塔諾 SOMONTANO

如果有人說索蒙塔諾（Somontano）是西班牙平均水準最高的葡萄酒產區之一，我頗表讚同。畢竟產區裡的前三家最大酒廠在釀酒技藝上都頗具水準，由Pedro Aibar等釀酒師非常專業且認真地釀出產量頗大、品質極佳的全系列不同價格的葡萄酒。而市面買得到的索蒙塔諾，除了Enate、Viñas del Vero和Pinineos這三家，還真難找到第四家產的葡萄酒。值得一提的是，一直到1980年代，這裡產的葡萄酒才開始裝瓶銷售，進步之快速可見一斑。

對西班牙人來說，索蒙塔諾的葡萄酒確實相當有趣，那裡產的卡本內－蘇維濃（Cabernet Sauvignon）、希哈（Syrah）、梅洛（Merlot）、夏多內（Chardonnay）和格烏茲塔明那（Gewürztraminer），都非西班牙原生且專精的品種，對於本地平時只喝西班牙葡萄酒的人來說，確實有特出精采之處，但如果放到全世界的格局中，卻又顯不出有太多非喝不可的理由。在全球各地存在著難以數計、跟這些新式索蒙塔諾風格極近似的葡萄酒，甚至價格還可能更低廉。

● Graus村和Somontano葡萄園

和這些無論品種和風格似乎都頗為國際化的酒窖相比，Viñas del Vero所出產的Secastilla像是一個異數，但卻是我認為最值得一嘗的索蒙塔諾葡萄酒，至少比起Viñas del Vero最引以為傲、釀造得非常豪華精緻的Blecua紅酒，即使沒那麼完美，但卻迷人許多，而且定價幾乎只是Blecua的1/3。Secastilla谷地是索蒙塔諾產區東北邊的角落，氣候雖乾燥炎熱，但海拔700

公尺，比區內其他葡萄園的海拔都高，採收時間特別晚，有時會晚到11月。不同於索蒙塔諾全新開發、科學化管理的葡萄園，Secastilla保有沒有灌溉、傳統式種植的珍貴格那希老樹，也種有一些本地特有的Parraleta，雖然年輕新種的希哈也表現得相當好。

　　亞拉岡自治區（Aragón）有非常多的格那希，但在索蒙塔諾卻不是主要品種，Secastilla是區內種植最多格那希的地方，最老用來釀造Secastilla的老樹已有八十到九十年左右的樹齡，在此新興產區確實少見。Viñas del Vero到2003年才首度推出2001年分的Secastilla，讓索蒙塔諾的葡萄酒有了另一個可能。也許因為這裡的氣候比南部種植非常多格那希的Campo de Borja更涼爽，生長季也更長，Secastilla釀成的紅酒比其他亞拉岡的格那希更加優雅均衡，也有更多細緻的變化和細節，將格那希特有的熟果及香料香氣用較內斂深沉的方式表現出來。確實很西班牙也很現代，獨特而迷人。

● Viñas del Vero不只是最重要的酒莊，也是建立Somontano名聲的先鋒酒莊

Viñas del Vero的Blecua則是走高雅的國際風格，釀得不錯，但一開始的定價有點過於樂觀。倒是卡本內－蘇維濃跟梅洛混的Gran Vos相當可口超值（即使跟智利同類型的酒相比）。較令我好奇的是Viñas del Vero所出產的白酒。索蒙塔諾雖近山區，但絕非涼爽之地，Viñas del Vero的夏多內也許不是很有趣，格烏茲塔明那El Enebro卻相當清新均衡。另一款混合種植於石灰岩地的麗絲玲（Riesling）及其他品種所釀成的Clarión白酒，充滿礦石及熟果，極為均衡，在西班牙算是干白酒中最成功的例子之一。除了我猜到的麗絲玲，釀酒師Pedro Aibar一直不願透露到底用哪些品種混成，是有何等絕技，或者索蒙塔諾真有此條件。對我來說這是一個謎。

有如美術館般的Enate酒廠，光看由馬德里年輕建築師Jesus Manzanares設計的酒窖，就像是一家新世界的酒莊。酒的風格也是如此，是優點也可能是缺點，但至少很明確。混合卡本內－蘇維濃跟梅洛的Reserva Especial，以及Enate Merlot-Merlot紅酒和混合五種品種的Varietales等都屬上乘之作，且連以卡本內－蘇維濃釀成的粉紅酒都極為可口迷人，遠超出西班牙水準。

● Viñas del Vero的Clarión白酒

● 以格那希釀成的Secastilla紅酒

● Enate酒莊的Merlot-Merlot

● 以波爾多品種釀成的Blecua紅酒

加泰隆尼亞
CATALUNYA / CATALUÑA

2006年，加泰隆尼亞成為第一個在憲法上獲得國中之國名義的自治區。

在此最富裕、非常不西班牙的東北角落，到處都潛藏奮力推倒一切，

再以無限想像和創造力重構起來的勇氣及天賦。

在這樣的土地上，除了高第的建築、達利和米羅的畫作，

以及阿德里亞（Ferran Adrià）的分子廚藝，

還會為世人釀出什麼樣的葡萄酒呢？

加泰隆尼亞
CATALUNYA / CATALUÑA

●2002年才獨立的
Montsant產區，傳
統、新潮且帶著地中
海風，有如加泰隆尼
亞的縮影

　　十八年前，因為在鄰近的普羅旺斯（Provence）念了三年書，跟許多人一樣，最早的幾趟西班牙旅行，也都是從加泰隆尼亞開始，特別是每回必經的首府巴塞隆納（Barcelona）。也許因為這第一印象，我後來花了許多時間才慢慢跳出因加泰隆尼亞而起的，對西班牙所產生的誤解。我指的並不單是在政治上，而是跟吃喝相關，生活上的事。

　　巴塞隆納是一個相當歐洲的城市，我的意思是，馬德里則是相當西班牙，或者相當卡斯提亞（Castilla）的城市。相較其他西班牙的都會區，巴塞隆納的生活步調跟內容與其他歐洲大城相近一些，即使有些異國情調，但也

算容易被理解。雖然在那裡，只有數
百萬人使用的加泰隆尼亞語比數億人
使用的西班牙文還要通行一些。充滿
血腥和激情的鬥牛、昂揚悲慟的佛朗
明哥音樂（Flamenco），甚至漫長的
午睡，都是最西班牙的圖騰，但在加
泰隆尼亞人的生活領域裡，卻不占太
多的位置。

2006年，加泰隆尼亞成為第一個
在憲法上獲得國中之國名義的西班牙
自治區。從政治的歷史和王權統治的

● Falset鎮1913年創立的釀酒合作社Agrícola
Falset-Marçà

● 加泰隆尼亞產的氣
泡酒稱為Cava，是
僅次於香檳，全世界
第二大產區

脈系來看，加泰隆尼亞源自巴塞隆納伯爵國，因聯姻而成為亞拉岡王國的一
部分，卻不曾是個獨立王國。但在文化及生活裡，卻是老早就存在的獨立
國度。位處地中海西岸的加泰隆尼亞，生活形式及風格與環地中海的普羅旺
斯、薩丁尼亞島（Sardinia）等地有著許多相似之處，跟南部的瓦倫西亞自
治區（Valenciana）及法國的胡西雍（Roussillon），甚至還有著非常近似的
語言。但與高原上的卡斯提亞相比，在我這樣的外人眼中，卻顯得有些遙遠
陌生。（局部圖參見書末封底內裡）

沒有卡斯提亞高原上的粗獷和遼闊，加泰隆尼亞的風景是山與海交織成
的柔美和多變。西班牙澎湃奔放的熱情和樂天知命，似乎在這裡受到一些理
性的節制。生活裡少一些徹夜狂歡和流連酒吧，多出一些精緻優雅的風情。
加泰隆尼亞得以如此獨一無二、讓人無可忽視，也許真正的關鍵在於本地到
處都潛藏奮力推倒一切，再以無限想像和創造力重構起來的勇氣及天賦。

也許因為高第的建築或達利、米羅的雕塑及畫作，讓我們這樣看待
加泰隆尼亞人。但阿德里亞（Ferran Adrià）解構和重組食材的分子廚藝
（Molecular Gastronomy），以及年輕釀酒師從傳統的根基裡幻化出西班牙從
未有過的全新風格葡萄酒，似乎也傳承沿續這樣的加泰隆尼亞傳統。

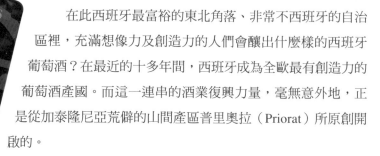

● 佩內得斯的葡萄
酒和Cava之路

在此西班牙最富裕的東北角落、非常不西班牙的自治區裡，充滿想像力及創造力的人們會釀出什麼樣的西班牙葡萄酒？在最近的十多年間，西班牙成為全歐最有創造力的葡萄酒產國。而這一連串的酒業復興力量，毫無意外地，正是從加泰隆尼亞荒僻的山間產區普里奧拉（Priorat）所原創開啟的。

二十年前加泰隆尼亞的葡萄酒在國際間被認識的名字只有Torres跟Cava。前者是西班牙最知名的葡萄酒廠，位在巴塞隆納市東邊稱為佩內得斯（Penedès）的產區。後者則是瓶中二次發酵的氣泡酒。在地中海岸釀製氣泡酒，這件事本身是個很弔詭的事，但Codorníu和Freixenet兩家卡瓦氣泡酒（Cava）大廠，卻讓加泰隆尼亞真的成為僅次於香檳的氣泡酒產區，至少在產量上是如此。

現在加泰隆尼亞已是另一張新面貌了。幾乎什麼樣的葡萄酒都有生產，從傳統老式的蜜思嘉（Moscatel）到新潮國際風的希哈（Syrah），有來自寒冷北方的麗絲玲（Riesling），也有嗜好酷熱的Monastrell，風格極為多樣，且經常有出乎意料的新式酒風突然乍現。加泰隆尼亞酒業在接受國際葡萄品種上採取較開放的方式，所以卡本內－蘇維濃（Cabernet-Sauvignon）、梅洛（Merlot）、希哈和白蘇維濃（Sauvignon Blanc）等品種引進得相當早。因為釀造氣泡酒的關係，夏多內（Chardonnay）和黑皮諾（Pinot Noir）也頗常見。

● Parellada葡萄口感輕巧柔和、多細膩果香，是最迷人的Cava品種，但只適合高海拔的環境，較難種植

80

從西班牙別處來的品種如東南部的Monastrell和利奧哈（Rioja）的田帕尼優（Tempranillo）也相當普及，特別是後者，在加泰隆尼亞稱為Ulle de Llebre。其他規模較小的外來品種更是無可數

計，連白梢楠（Chenin Blanc）、Viognier、Folle Blanche、格烏茲塔明那（Gewürztraminer）等都可見蹤影。不過傳統的地中海品種才是加泰隆尼亞酒業的根源。如格那希（Garnacha）和Cariñena黑葡萄。白葡萄除了海岸區釀造甜酒的蜜思嘉（Moscatel）和Malvasía，還有釀造Cava氣泡酒的Macabeo、Xarel-lo和Parellada等三個品種，以及白格那希（Garnacha blanc）。

加泰隆尼亞由四個省組成，葡萄園雖集中在巴塞隆納和塔拉哥那（Tarragona）兩省（西班牙常以省府所在作為省名），但各省都產葡萄酒。共十個DO，一個DOCa加上Cava氣泡酒，一張加泰隆尼亞葡萄酒地圖，正像是高第的馬賽克拼飾，有著難以想像的多彩繽紛。

不同於法國法定產區如疊床架屋般層層相疊，西班牙DO產區向來簡單明瞭，不過在加泰隆尼亞卻有跟西班牙其他地方不同的設計。Catalunya的DO產區（常寫成加泰隆尼亞文而非西班牙文的Cataluña），產區範圍包含自治區內四個省分50,000多公頃的所有葡萄園。這個以加泰隆尼亞為名的DO產區讓酒商有更多的自由，可任意混合調配自治區內任何地方產的葡萄酒。沒有任何一個西班牙DO產區像Catalunya有這麼滲雜多樣的自然環境和葡萄品種。因為這個方便且範圍廣闊的設計，讓加泰隆尼亞境內幾乎不產較低等級的地區餐酒（Vino de la Tierra）。

● 在普里奧拉產區的Porerra村，粗獷的Cariñena葡萄卻可釀成既強勁深厚又細膩多變，充滿地中海香草香氣的精采紅酒

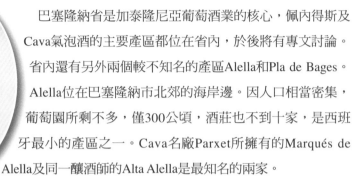

巴塞隆納省是加泰隆尼亞葡萄酒業的核心，佩內得斯及Cava氣泡酒的主要產區都位在省內，於後將有專文討論。省內還有另外兩個較不知名的產區Alella和Pla de Bages。Alella位在巴塞隆納市北郊的海岸邊。因人口相當密集，葡萄園所剩不多，僅300公頃，酒莊也不到十家，是西班牙最小的產區之一。Cava名廠Parxet所擁有的Marqués de Alella及同一釀酒師的Alta Alella是最知名的兩家。

Alella向來以白酒聞名，特別是採用Bansà Blanca（亦即Xarel-lo）釀成的清爽白酒。其白酒風格幾乎是由1920年創立的Marqués de Alella酒莊所建立。此酒莊只產白酒，釀成的同名酒採用100%的Bansà Blanca葡萄，酒精度不高，酸味很多，即使微留幾克糖分，仍相當新鮮爽口。Allier則是該酒莊以橡木桶發酵培養的夏多內白酒，也相當均衡清爽，在炎熱地中海岸能釀出這樣的酒確實難得。

Alta Alella是由知名釀酒師Josep María Pujol於2001年所創立，乃更具野心的獨立酒莊。12公頃的近海葡萄園種有多達十三種葡萄品種。以Bansà Blanca為主混合一些夏多內、白蘇維濃和Viognier釀成的Lanius白酒，先以乾冰降溫再經橡木桶發酵培養，雖然橡木味

濃，但酒體豐厚多酸頗為特別。以Monastrell
釀造的甜紅酒Dolç Mataró酒精度雖高且極多
糖分，但有非常輕巧可愛的迷人風格，相當
特別。

● 位在知名海岸度假區Costa Brava附近的Empordà產區

　　Pla de Bages是一個位在巴塞隆納西邊、
較偏處內陸山區的小產區，只有500公頃的
葡萄園。1983年成立的Abadal是區內最知名
的酒莊。這邊產的酒主要採用來自法國的國
際品種，如卡本內－蘇維濃、梅洛和夏多內
等。Abadal所釀造的葡萄酒雖有不錯品質，
但獨特性不高。Picapoll是本地較特別的品
種，有極強的酸味和特殊的花草系香氣。是
源自法國隆格多克地區（Languedoc）的品種Picpoul，也是法國雅馬邑白蘭
地產區（Armagnac）的Folle Blanche。

　　巴塞隆納省北邊為吉隆那省（Girona，西文為Gerona），是西班牙頗知
名的礦泉水產地，有頗多名泉，如Caldes de Malavella村的Vichy Catalán、
San Hilari Sacalm村的Font d'Or和Font Vella。但葡萄酒反而較不知名，產量
也不多，唯一一個DO產區稱為Empordà，位在鄰近法國極知名的海岸度假
區Costa Brava附近。有2,000多公頃的葡萄園，四十多家酒莊中以Castillo de
Perelada最具規模也最具代表。除了生產商業廉價酒款Pescador，一種西班牙
常見的微泡葡萄酒vino de aguja，也生產優質的葡萄酒及氣泡酒。同集團在
普里奧拉也有Cims de Porrera和Casa Gran del Siurana兩家酒莊。

　　紅酒主要以卡本內－蘇維濃和梅洛葡萄為主釀成，也有一些Cariñena
（在加泰隆尼亞稱為Samsó）和格那希，風格頗為高雅，如Reserva和Gran
Claustro等級。不過最獨特的要屬單一葡萄園La Garriga，以100%的Cariñena
釀造，有迷人的香料香氣和細膩口感。

COSTERS DEL SEGRE

　　耶達省（Lleida，西文為Lérida）位在西邊較偏內陸的地區。氣候更極端，冬寒夏熱，也較其他省分來得乾燥些，自然環境也更類似西鄰的亞拉岡自治區。省內只有Costers del Segre一個DO產區，主要位在省內南部，甚至有一小部分的葡萄園還跨越到隔鄰的塔拉哥那省（Tarragona）內。產區範圍頗廣，設有多個分區。潛力最佳的是最東邊的Les Garrigues。不過Costers del Segre最早開始受注意卻是從最東邊的Raimat開始。這裡現在有1,000多公頃的葡萄園，全屬於一家由Codorníu在1914年就開始投資規畫的酒莊Raimat。此區相當乾燥炎熱，曾是鹽化的土地。1978年後才開始利用人工灌溉大量生產葡萄酒。Raimat主要種植法國的國際品種，如卡本內－蘇維濃、梅洛和夏多內等，酒的風格也相當國際風，雖具一定水準，但沒太多加泰隆尼亞的靈魂。

● Costers del Segre
產區的精英名廠Castell del Remei的葡萄園

Castell del Remei是另一家歷史名廠，建基於1780年，也主要種植波爾多品種。1982年由Cusiné家族接手經營後釀酒水準再度提升。Castell del Remei位在較平坦肥沃的區域，但釀成的酒在細心精巧的調配下相當高雅均衡，特別是以1780為名，主要混合卡本內－蘇維濃和田帕尼優的紅酒。不過Cusiné家族在東南部的Les Garrigues地區所成立的另一家酒莊Cérvoles Celler，則釀造出更精采獨特的葡萄酒。

● El Vilosell村內的
Tomàs Cusiné酒莊

Les Garrigues位處塔拉哥那省和耶達省的交界處，南邊隔著Sierra de la Llena山跟普里奧拉為鄰，東邊與Conca de Barberà產區只隔著一些低矮的丘陵。因海拔較高（600到700多公尺），且是位在朝北的背陽面，也比耶達省各處都要多些地中海的影響，相當適合葡萄生長。百年前曾是加泰隆尼亞種植最多葡萄的地方。後因灌溉便利，許多葡萄園轉為種植穀物。所以極老的葡萄園不多，但是1960年代之後陸續種植的品種種類卻非常多。如西班牙的Cariñena、格那希、Monastrell、田帕尼優和法國的卡本內－蘇維濃、梅洛、希哈等。

Cérvoles Celler位在同名小村內，雖1997年成立，但最老的葡萄園已是1960年代種的老樹，傳統及新的品種都有，但種植方式卻是新式種植法。葡萄園都在700公尺以上，生長季長一點，氣候也比較不那麼極端，從加泰隆尼亞的標準來看，釀成的葡萄酒特別優雅均衡。無論較多田帕尼優的Cérvoles，或卡本內－蘇維濃與田帕尼優、格那希混釀的Estrats都有非常緊緻的滑細單寧。新推出的白酒，礦石和熟果香氣配上細緻酸味，是以Macabeo混合夏多內的成功例子。

85

● Les Garrigues副產區是Costers del Segre最具潛力的區域，1997年成立的Cérvoles Celler酒莊已經證明了這一點

同家族的Tomàs Cusiné，2003年用自己名字開設一家全新的酒莊。在Cérvoles附近的El Vilosell村釀出非常乾淨、新式風格的葡萄酒。他特意種植近二十種葡萄，自2006年分開始採用自家葡萄釀造。白酒Auzells以Macabeo為主，但混合麗絲玲在內的十個品種。相當多甜熟的果香，非常豐盛，但均衡，相當特別。與村子同名的紅酒Vilosell以田帕尼優為主調配Cariñena等品種，非常新鮮可口，且均衡細緻，有地中海氣候區的田帕尼優極少見的高雅風格及絲般滑細的單寧。Geol以波爾多品種為主，但混合了在此區有很細緻表現的Cariñena和混血種Marselan。也有著同樣的風格，但較多熟果、香料和木香，也更濃厚一些。

南部的塔拉哥那省是加泰隆尼亞近二十年來變化最劇烈的的區域，且釀出最具加泰隆尼亞風味的葡萄酒。現在省內已有多達五個DO產區。除了廣及全省多數產區的Tarragona，普里奧拉、Montsant、Terra Alta和Conca de Barberà，都各自有獨特的強烈風格。其中普里奧拉在不到十年間，因出產充滿強烈礦石風味的紅酒，成為全西班牙最知名的葡萄酒產區之一，也是繼利奧哈後全國唯二的DOCa等級產區，將於後文專章介紹。

▎MONTSANT

Montsant是新近（2002年）才從Tarragona產區獨立出來，充滿活力、生產相當多樣酒款的DO產區。跟普里奧拉一樣，不斷有新的酒莊加入。在這裡，傳統葡萄常被釀造成新式國際風的葡萄酒。此區的範圍剛好環繞在普里奧拉產區的四周，是條件相當優異的區域，Montsant獨立成一區也讓Tarragona產區失去許多精華的葡萄園和精英酒莊。

Montsant因跟地中海之間有山脈阻隔，帶有一些大陸性氣候的影響，不過跟地形更封閉的普里奧拉相比還是溫和些，也多雨些，但年雨量仍只有500到600公釐左右。環繞著普里奧拉的Montsant也有一些頁岩和花崗岩土壤，主要位在Falset鎮附近，也可釀造出類似普里奧拉紅酒的礦石風味。不過其他區域則大多為石灰岩質。

Falset鎮是出入普里奧拉的主要門戶，原本傳統保守的平凡山間小鎮因近十年來葡萄酒業的超速發展，成為加泰隆尼亞葡萄酒觀光的重鎮之一。已演變成新潮和鄉里並置的迷人酒鄉小鎮。鎮上的釀酒合作社Agrícola Falset-Marçà雖是1913年創立，但現在釀酒的風格卻相當現代。以Étim為名，生產非常多優秀的平價葡萄酒。除了傳統格那希和Cariñena混合的Negre，單一品種的希哈和格那希也都有著熟果與香料的豐沛香氣及豐厚酒體。遲摘格那希葡萄釀成的Étim Verema Tardana甜紅酒，濃甜間卻相當新鮮均衡，相當特別。

● 環繞在普里奧拉產區四周的Montsant因為產酒條件也相當優異，吸引了許多釀酒師前來設廠釀酒

　　不過鎮裡最精采的酒主要來自全新成立的酒莊，包括同是1999年成立，法國酒商Europvin的Celler Laurona，以及Mas Martinet酒莊第二代女釀酒師Sara Pérez的Venus la Universal。另外也有Oro Wines在2003年於Falset鎮成立的Celler Can Blau。後者由澳洲釀酒師Sarah Morris釀造，混合格那希、希哈和Cariñena。較便宜的Can Blau濃厚多澀卻帶些新鮮，Mas de Can Blau則更強健多酒精，更濃，也顯得笨重些。

　　Laurona由Clos Mogador的René Barbier合作釀造。頂級酒Selecció de 6 Vinyes採用六片位於梯田上的老葡萄園，僅使用Cariñena和格那希，以小型木桶進行發酵，酒體強健且有頗多礦石風味。Sara Pérez是加泰隆尼亞新生代中最傑出的女釀酒師，自己經營的Venus酒莊更能表現她固執強烈又帶點溫柔的個性，具有簡潔純美的風格。Venus la Universal除了自有葡萄園的希哈，也買進Cariñena以小木桶發酵成Venus紅酒。風格是相當地中海的香料、肉桂及甜熟李子。口感圓柔脂滑，單寧甜熟，非常柔和，但仍保有均衡優雅，很迷人。

　　Celler de Capçanes是家1933年創立的釀酒合作社，位在Capçane村，有300公頃位在起伏山間的葡萄園。1995年因要釀造符合猶太認證（kosher）的葡萄酒而開始一連串改革，最後成功轉型為全加泰隆尼亞最優秀的釀酒合作社。至今仍產Kosher紅酒Flor de Primavera，以傳統品種混合卡本內－蘇維濃，可愛的漿果香氣混合木香及香料，單寧緊緻細滑，有多層次變化。Capçanes酒款非常多，但大部分都有與此類似的風格，100％格那希釀造的Cabrida甚至更高雅迷人。

　　Acústic Celler是由佩內得斯Jané Ventura酒莊的Albert Jané，2004年才在Montsant所創立的小酒莊。只使用老樹和傳統品種釀造，風格頗新潮，紅酒

● Conca de Barberà
產區裡的熙篤教會修
院Poblet創立於十二
世紀,是名列世界文
化遺產的知名古蹟

有美式的濃厚風格,但均衡新鮮,也帶有地中海香草般的地方氣味。白酒也
相當有趣,也是加泰隆尼亞品種釀成,極肥厚但也頗均衡。

▌ CONCA DE BARBERÀ

Conca de Barberà產區位處加泰隆尼亞南部三省交界處,海拔稍高,達
400公尺,比近海岸區涼爽些。1999年Torres推出產自Conca de Barberà的旗艦
級紅酒:Grans Muralles,引起一些人對此區的注意。不過至今這區在國際
或西班牙都還稱不上知名。區內葡萄酒業主要由釀酒合作社所主導,獨立酒
莊並不多,也許是原因之一。因為鄰近佩內得斯,過去這些合作社是Cava氣
泡酒重要的原酒供應商。所以Conca de Barberà主要種植釀Cava用的白葡萄。
因海拔較高,品種主要以風格較優雅的Parellada為主,也有Macabeo跟夏多
內,但佩內得斯較常見的Xarel-lo反而比較少見。

這裡的條件也許更適合釀造紅酒。區內種有頗多Trepat,這種果粒大的
黑葡萄主要用來釀造清淡多酸的粉紅酒,或是粉紅Cava氣泡酒。其他主要為

89

格那希、Monastrell和Cariñena等地中海品種。田帕尼優和一些國際品種，甚至黑皮諾都有種植。Torres在這區擁有Castillo de Milmanda城堡莊園，他們最頂級的白酒，以100%夏多內釀成的Milmanda即是產自此園。至於更為獨特的Grans Muralles園，則是位在城堡南方2公里外的Poblet修院旁。

　　這家創立於十二世紀的熙篤教會修院是名列世界文化遺產的知名古蹟，熙篤會的修士在中世紀時於歐洲各地留下許多歷史名園，Grans Muralles位在修道院北側，有一座中古石牆穿越葡萄園間。園中滿布黑色板岩，類似普里奧拉區，但跟Conca de Barberà其他地區不同。Torres在此園只種植格那希、Monastrell和Cariñena等傳統品種，還添加幾乎已絕種的Garró。釀成的酒風格相當結實緊密，香料及熟果香氣混合著細緻的燻烤和木香，以及獨特的礦石香氣相當有個性。

　　Poblet修院內也設有酒莊，由氣泡酒大廠Codorníu負責釀造，環繞在修院邊的葡萄園看似賞心悅目，但種的卻是來自法國布根地的黑皮諾，這個品種挑剔難種，沒有屢種屢敗的決心不宜輕易嘗試，十多年來Codorníu雖吃足苦頭卻尚未釀出具水準的黑皮諾紅酒，對照於Grans Muralles，也許算是過於異想天開的失敗例子。

● Xavier Clúa酒莊在Vilalba dels Arcs村內的地下酒窖

TERRA ALTA

　　Terra Alta是加泰隆尼亞最西南角落的DO產區，名稱有高地之意，因海拔較高，約400公尺，而得此名。這裡過去主要生產以白格那希葡萄所釀成的濃厚白酒，或甚至更老式的加烈陳年老白酒Rancio。此品種自十七世紀開始出現，在極盛時有70%的Terra Alta葡萄園都是種白格那希。其實在鄰近的Montsant跟普里奧拉產區，白格那希也頗常見，經常混合其他品種釀成濃厚的白酒，不過在Terra Alta卻常以單一品種釀造。

　　這確實有些困難，因為此種葡萄酸味不多，卻有很高的酒精度，喝來質地油滑，甚至肥膩，有時微有苦味；因為容易氧

化，常少了新鮮的果香，而有肉桂等較濃膩的香料香氣。但在新一代釀酒師手中，卻開始讓白格那希釀造出新鮮風格的肥厚型白酒。多些西洋梨、杏桃果香和青草茴香香氣，肥而不膩，頗為特別。Terra Alta現在也產非常多紅酒，主要是地中海品種混合法國的國際品種。

這邊也有非常多的釀酒合作社，Celler Bárbara Forés是較早成名的獨立酒莊之一，雖有百年以上歷史，但1994年才開始裝瓶。酒款頗多，白酒El Quintà豐滿多香，且餘味綿長。另外，添加本區特有品種Morenillo的El Templari紅酒也頗柔和新鮮。

● Bárbara Forés酒莊以100% 白格那希在橡木桶中發酵釀成的El Quintà白酒

1995年成立的Xavier Clúa酒莊更加前衛。他們將白格那希分兩次採收，釀造後再混合。早收的保留酸味，晚收的有肥厚質地，兩相混合，降低酒精度，同時保有新鮮和圓熟。紅酒Mil.lennium則混合格那希與卡本內－蘇維濃等品種，是區內質地最緊實的耐久紅酒之一。以格那希老樹釀成的同名甜紅酒也很特別，濃厚卻酸甜均衡。

Celler Piñol酒莊的紅酒也有相當多單寧，最特別的是採用少見的Morenillo葡萄釀造的Mather Teresina紅酒，混合兩個年分，有非常特別的礦石、香料和草味香氣。甜白酒Josefina Piñol甚至更特別，晚摘的白格那希釀成散發熟果和葡萄乾，極為濃郁豪華且餘味長的甜美滋味。

加泰隆尼亞酒莊

在加泰隆尼亞，酒莊較少用西班牙文的bodega，而是使用加泰隆尼亞語的Celler。Bodega也有地窖之意，加泰隆尼亞文則稱地窖為cava，這也是西班牙氣泡酒Cava這個字的來源。產氣泡酒的酒莊也可能稱為cava或複數的cavas。西班牙文稱葡萄園為viña，加泰隆尼亞語為vinye或複數的vinyes，酒莊以此自稱大多採用較多自產葡萄來釀酒。在加泰隆尼亞，鄉間的莊園稱為mas（西文中的masia或cortijo），房舍稱can（亦即西文的casa），城堡稱為castell（西文為castillo）也常作為酒莊的稱呼。

佩內得斯和卡瓦氣泡酒
PENEDÈS I CAVA

● 位在中佩內得斯山邊丘陵區的Albet i Noya酒莊

從表面上看，佩內得斯和卡瓦氣泡酒（Cava）似乎不該放在同一章一起討論。特別是卡瓦氣泡酒的產區範圍非常廣闊，甚至不限於加泰隆尼亞（Catalunya），廣及利奧哈（Rioja）、亞拉岡（Aragón）、瓦倫西亞（Valencia）和巴斯克（Vasco）等數個自治區。但無論如何，大部分的Cava都是採用加泰隆尼亞各省產的葡萄，而且主要的氣泡酒廠也幾乎都位在巴塞隆納西邊，也盛產無泡葡萄酒的佩內得斯區。在1990年代之前，佩內得斯幾乎就等於是加泰隆尼亞葡萄酒業的全部，同時為氣泡酒與無泡酒的中心。

這兩個不同類型的酒業似乎以一種彼此獨立卻又相互交纏的方式存在於佩內得斯。我必須承認，這是最常讓我感到困惑的西班牙葡萄酒產區，也許因為這裡的環境提供了太多的可能，但也許更關鍵的是加泰隆尼亞人的創造天性也融入佩內得斯葡萄酒的發展之中。讓習慣於依循常規的人常有頓失方向之感。

佩內得斯境內有兩個酒業中心，Sant Sadurní d'Anoia是氣泡酒重鎮，城內集聚大部分的Cava名廠，如Raventós i Blanc、Codorníu、Freixenet和Gramona等。Vilafranca del Penedès則被視為無泡酒的中心，不過真正知名的酒廠只有Bodegas Miguel Torres一家。

▍TORRES

　　1870年創立的Torres酒莊位在城北郊外。二次世界大戰後，靠著新式的釀酒設備和製酒技術，以及當時為西班牙酒業所忽略的廠牌行銷，加上引進法國品種，釀造出國際風格的葡萄酒，在國內外都建立起名聲。Torres的成功也影響西班牙酒業的革新風潮。現在的Torres擁有1,700公頃的葡萄園，除了佩內得斯，也在普里奧拉、Conca de Barberà和斗羅河岸（Ribera del Duero）等地擁有莊園，也在智利和美國加州擁有酒莊。Vilafranca del Penedès本廠年產兩千五百萬瓶葡萄酒，是西班牙酒業的經典大廠。

● Torres的現任董事長Miguel Torres

　　類似新世界產區的作法，Torres將來自不同氣候區的葡萄品種種植在佩內得斯，例如以麗絲玲（Riesling）釀成的Waltraud、黑皮諾（Pinot Noir）釀成的Mas Borrás、白蘇維濃（Sauvignon Blanc）釀成的Fransola、夏多內（Chardonnay）釀成的Gran Viña Sol。但同時也有卡本內－蘇維濃（Cabernet Sauvignon）為主釀成的Gran Corona及旗艦紅酒Mas La Plana。這在法國，除非生產地區餐酒，如此南北品種雜處一區，卻未曾聽聞。

　　Mas La Plana因在1970年代一些品嘗比賽中，常超越波爾多的頂級紅酒，因而受到注意。不過時過境遷，這些在當年看似成就的事，在現在的西班牙葡萄酒世界卻已無足輕重了。經過全球化的洗禮，酒迷要的是真正屬於西班牙的葡萄酒，而不是勝過原作的精緻仿品，以卡本內－蘇維濃釀成的Mas La Plana，其實並不容易喝出西班牙的滋味。

　　Torres後來從自有的Mas La Plana葡萄園再精選出限量酒Reserva Real，1997年是第一個年分，我喝過幾個年分，我想應該已很接近卡本內－蘇維濃在加泰隆尼亞最優雅細緻的表現了。但那依然也只是一瓶波爾多風味、比許多頂尖梅多克還昂價的紅酒。而以傳統葡萄釀成的頂級酒Grans Muralles卻產自更內陸的Conca de Barberà產區。為了方便採用來自加泰隆尼亞各地的葡

93

●Torres最經典的 Mas La Plana紅酒，前身稱為Gran Coronas Mas La Plana，即使經過數十年的熟成，仍然相當迷人

萄酒調配，現在產量較大的酒款如Viña Sol、Sangre de Toro及Corona等都已屬加泰隆尼亞DO產區，而不是佩內得斯。

Torres的發展，其實也說明了一些關於佩內得斯的獨特性格，但似乎也暗示其限制。有27,000公頃葡萄園的佩內得斯是加泰隆尼亞最廣闊的葡萄酒產區。從海拔50公尺的海岸區到西邊海拔達850公尺的Montagut山區都有葡萄園，只要找對地方，要種植各色品種，生產多樣的葡萄酒，其實並不難，也為想創新的酒莊提供不錯的實驗場。但卻也讓佩內得斯產的葡萄酒種類紛雜，彼此間沒有太多一致的風格。Mas La Plana是世界級的卡本內－蘇維濃葡萄園，但相隔不遠的葡萄園卻是用來生產卡瓦氣泡酒。

Miguel Torres自己將佩內得斯分成三區，後來也被許多人引用來認識佩內得斯的自然環境，但這三區並無真確的邊界。地勢平坦、氣候炎熱的海岸邊，是下佩內得斯（Baix Penedès）。條件不是很好，老式、過度氧化的傳統蜜思嘉甜酒大多產自此區，海岸古城Siges也曾以產Malvasía甜酒聞名。

往西邊一點，地勢較高的中佩內得斯（Mitja Penedès）海拔約200到400公尺，是佩內得斯最重要的葡萄園所在，氣候炎熱、土壤肥沃的谷地生產非常大量的白葡萄作為Cava氣泡酒的原料。單位產量極高的Macabeo及Xarel-lo葡萄在未成熟前即採收，以保持酸味和較低調的香氣。中佩內得斯也種植不少田帕尼優和卡本內－蘇維濃等品種，傳統的格那希（Garnacha）和Cariñena也有一些，但數量反而不多。谷地邊較貧瘠些的山坡葡萄園可釀造出較優秀的葡萄酒。

更內陸、位處山區的上佩內得斯（Alt-Penedès），氣候涼爽一些，可保有較爽口的酸味，適合夏多內和Parellada等白葡萄品種，當然，Torres的黑皮諾也種在這邊。

┃ CAVA

1872年，Josep Raventós在法國香檳區（Champagne）學習釀造氣泡酒的技術後，採用佩內得斯的葡萄，在自家酒莊Codorníu釀造第一批氣泡酒。1885年Josep Raventós過世，他的兒子決定將這家1551年創立的歷史酒莊轉變成專門生產氣泡酒的酒廠。氣泡酒業在佩內得斯的發展也許出於偶然，但在過去長達百年的時間，Cava卻主宰了這片地中海岸邊的葡萄酒產區裡，絕大部分的葡萄園，每年生產兩億多瓶的氣泡酒。

● 釀造品質較高的Cava不僅需手工採收，而且要分裝在小桶中運回酒廠，以免氧化

Cava最早稱為Xampán，也就是香檳的加泰隆尼亞語譯名，但西班牙加入歐盟後已改名為Cava，以免與香檳混淆。從1959年起，Cava就已經成立管制的組織，不過和其他DO產區不同的是，可釀造Cava的產區分散於全國多處地方。但無論如何，近95%的Cava產自加泰隆尼亞，且75%以上來自佩內得斯。和香檳相比，Cava的價格低廉，最低者每瓶甚至不到4歐元，但釀造方式卻跟香檳一樣是採用瓶中二次發酵釀成。不過風格卻不相同，Cava成熟的速度較快，酸度也較低，較新鮮清淡些。除了自然環境的差異，採用的品種也是關鍵。

Cava並沒有像全球大部分高級氣泡酒產區只專注在香檳品種。雖然佩內得斯也種植夏多內和黑皮諾，但釀造Cava的核心還是Macabeo、Xarel-lo和Parellada三個加泰隆尼亞白葡萄

● 跟香檳一樣，所有的Cava也都必須採用比較麻煩的瓶中二次發酵法釀造

● 釀造Cava的最主要品種Xarel-lo雖然不是很細緻，但口感濃厚，可給予Cava厚實的酒體

品種。他們雖各有缺點，但也絕非全無優點，特別是彼此互補，很適合混合調配。Macabeo香氣不多，微帶花香和青草，比較中性，但卻有非常強勁的酸味，提供味覺架構，也較不易氧化，也耐久一些。Xarel-lo比較粗獷，但口感比較濃厚一些，給予Cava厚實一些的酒體。Parellada口感輕巧柔和、多細膩果香，是三者中最迷人的品種，不過酒精度低，也較難種，只適合高海拔的環境，跟前兩者相比，單位產量低很多。

粉紅Cava氣泡酒現在也開始流行，大多是以黑葡萄泡皮的方式釀造，顏色比粉紅香檳來得深，多為清淡多果味風格，比較像是有氣泡的粉紅酒。有些採用黑皮諾，也有用Monastrell，不過加泰隆尼亞特有的Trepat口感非常柔和，也常被採用

因熟成快，Cava只規定瓶中二次發酵窖藏的時間至少九個月即可，採收一年後才可上市。跟利奧哈一樣，有些等級跟瓶中二次發酵窖藏的時間長短有關。十八個月以上稱為Reserva，超過三十個月以上則為Gran Reserva。因為葡萄每年都能達到成熟度，年分間的變化並不大，單一年分的Cava反而占有較高的比例，價格通常比混合年分的Cava還要便宜些，所以也不常在酒標上標示年分。

Cava跟香檳一樣也採用Brut（每公升6-15公克）、Extra Seco（每公升12-20公克）、Semiseco（每公升33-50公克）和Dulce（每公升50公克以上）

等標示法來定義氣泡酒的甜度。不過因Cava的酸味不高，無需添加糖分就可以非常均衡，所以現在有很多優質的Cava都是沒有添加任何糖分的Brut Nature。而這也成為現在Cava跟香檳以及其他氣泡酒不同的地方。

通常佩內得斯的酒莊在氣泡酒與無泡酒之間各有專長，但現在這樣的分野已變得比較模糊，特別是中小型的精英酒莊如Albet i Noya、Jané Ventura和Can Feixes等Cava也釀得相當好。而Cava廠也有像Gramona和Raventós i Blanc都以Xarel-lo葡萄釀造出非常特別的無泡酒。不過佩內得斯的葡萄酒業大半操縱在Miguel Torres，以及兩家最大的氣泡酒廠Codorníu和Freixenet手上。

Cava酒業的創始酒廠Codorníu現在是西班牙最大的釀酒集團之一，擁有包括Raimat、Bilbaína、Legaris，以及加州、阿根廷等地的十一家酒莊和

● Parxet的Brut Nature

● Can Feixes酒莊的Huguet Brut Nature 2003

● Albet i Noya的Brut Nature Reserva

● Raventós i Blanc的L'Hereu Reserva Brut

● Loxarel的Refugi Brut Nature Reserva

3,000多公頃的葡萄園。Codorníu是年產三千萬瓶的Cava廠，但生產的酒款非常多樣，且經常變動。除了較低價的Classico、Original，Codorníu較其他Cava大廠採用更多的夏多內葡萄。例如混合70%的Anna de Codorníu有相當清爽的細緻酸味。旗艦款Jaume Codorníu也採用1/2的比例，有非常特別的花草香氣，相當優雅。新近以黑皮諾泡皮釀成的粉紅Cava也頗為特別，顏色深，有頗多可愛水果及優雅礦石香氣。

相較之下，年銷六千萬瓶的Freixenet，釀造的Cava則完全專注於地方傳統品種，酒款簡單，也更商業，其黑標酒Cordón Negro混合三種傳統品種，價格低廉卻清新順口，是西班牙最常見，也許也最具代表的Cava。不過Freixenet也有昂價一些的Cava，如細緻一些的Cuvée D.S.或混合老年分的Reserva Real，圓潤一些，也較多乾果香氣。

Raventós i Blanc是一家Cava精英廠，同是Raventós家族，1982年分家後在1986年直接將新酒廠開在Codorníu的

一般的Cava瓶中二次發酵窖藏的時間需九個月以上，但Gran Reserva等級則要超過三十個月以上

對門。如果讓我選擇，Raventós i Blanc會是我最欣賞的
Cava風格。四款Cava都以傳統品種為主，僅用極少的夏
多內，特別延長窖藏熟成時間。釀成的Cava精巧細膩、
均衡新鮮，非常優雅迷人，連最低價的L'Hereu都能有
許多細節變化。Gran Reserva有許多榛果和核桃的成熟
香氣。Elisabet Raventós經二次發酵窖藏五十個月，在細
緻間還有更強勁的酸味及更高雅的礦石香氣。Raventós
i Blanc也產無泡酒，最值得一提的是白酒Silencis Xarel-
lo非常強勁濃厚，很有個性。

● 年產七千萬瓶Cava
的Freixenet主要用加
泰隆尼亞傳統品種釀
造調配

1921年創立的Gramona也一樣位在Sant Sadurní
d'Anoia鎮上，看似新潮卻也守舊，很有個性。Cava
種類相當多，最頂級的III Lustros以70%Xarel-lo混30%Macabeo經六十個月
窖藏，頗濃厚具霸氣，但如陳年香檳般帶著乾果、酵母和烤麵包香氣。
Gramona在海拔較高的地區種植一些黑皮諾，釀成粉紅Cava，帶有可愛紅色
漿果的柔和風格。後來這些黑皮諾也釀成紅酒，稱為Bru de Gramona，多酸
且有細滑單寧，以西班牙水準而言算是成功。以橡木桶發酵的白酒Font Jui也
頗特別，以100%Xarel-lo釀造，將香料、草味、水果乾與苦味合成頗新奇的
濃厚白酒。

我必須承認，對於Cava我得時時提醒自己不要跟香檳做比較。相較於
十五年前的品嘗經驗，現今Cava的風格已變得更乾淨新鮮，即使屬於Gran
Reserva等級，很多都還能保有均衡。不加糖的Brut Nature在加泰隆尼亞已經
成為主流，讓氣泡酒可以更自然一些。現在也有非常多的Cava定價超越名牌
香檳，其中有很多並不一定比中價的Cava來得精采，不過這樣的現象並不只
發生在Cava酒業，只是更為普遍。產Cava的酒廠近三百家，以下是其他我曾
品嘗過覺得頗具水準的酒廠，如Juvé i Camps、Rovellats、Augustí Torelló、
Llopart、Nadal、Oriol Rossell、Cavas Mestres、Rimarts、Parxet、Castillo de
Peralada等。至於佩內得斯名酒莊產的Cava，後文另有簡介。

● 1963年創立的傳奇酒莊Jean Leon現在成為Torres的產業

● 帶點美式風格的Jean Leon現在交由Miguel Torres的兒子經營，依西班牙的傳統，也叫Miguel

● Jané Ventura酒莊selecció系列的三款葡萄酒標可拼成一幅佩內得斯的風景畫

▎PENEDÈS

　　西班牙各地的新銳酒莊輩出，原本頗先進的佩內得斯，現在卻顯得有些蒙塵老舊，除了由兩位釀酒師開設的車庫酒莊Alemany i Corrio及一些開始釀無泡酒的Cava廠，佩內得斯的名廠大多已成名一陣子。採用法國的國際品種是佩內得斯的主流，跟現下以傳統品種釀出新風格的潮流並不相符。加上田帕尼優葡萄在佩內得斯的環境很難釀出細膩多變或雄渾結實的珍釀。需要老

樹才有傑出表現的格那希和Cariñena在佩內得斯又不多見，且土壤也不夠貧瘠。可釀出好品質的葡萄酒，但較難留下深刻印象。

面對這樣的現況，幾家佩內得斯名廠集合起來成立Qualidès聯盟，希望可以讓世人更瞭解佩內得斯的精采多樣。這確實不是一件容易的事，不過佩內得斯的特色也許就真的在於什麼都有，什麼都不奇怪。Cellers Avgvstvs、Mas Comtal和Jean Leon是三家以波爾多品種紅酒和夏多內白酒為主的酒莊。Avgvstvs頗奇異地位在離海岸不遠的低海拔地區，在氣候如此溫和的地方，卻釀成頗細膩的卡本內－蘇維濃，Trajanus甚至還有非常精采多變的香氣。在此環境下，夏多內也比預期的新鮮均衡，甚至耐久，最早的1991年分現在還相當可口。

Mas Comtal位在中佩內得斯的Avinyonet村附近，因莊主的喜好，專長於梅洛紅酒，包括以梅洛為主的波爾多混合Antistiana和100%的Petrea都有梅洛少見的優雅古典風格。以所雷亞混合法（Solera）釀成的梅洛加烈甜紅酒Lyric也算特別，類似粗獷型的Tawny。Jean Leon是建於1963年的傳奇酒莊，現在為Miguel Torres所有，由其兒子Miguel負責經營。Jean Leon向來以卡本內－蘇維濃聞名，一些1970年代的紅酒現在喝來才開始進入成熟期。新推出的Zemis混合波爾多品種，較圓潤一些，卻有更現代的優雅風格。

Jané Ventura也是位在低海拔的下佩內得斯，是少數認真種植田帕尼優的佩內得斯精英酒莊。頂級紅酒Finca Els

● 位在下佩內得斯的Torre del Veguer酒莊，生產非常新鮮的蜜思嘉干白酒

Camps和Margalló都是以田帕尼優為主釀成，是地中海沿岸區的最佳代表之一。香氣豐富多變，甚至染上地中海香草香氣，口感圓潤中帶些粗獷。雖然Jané Ventura以紅酒聞名，但我覺得白酒及Cava氣泡酒（特別是Gran Reserva）更為有趣。Finca Els Camps也有白酒版，以1970年老樹產的Macabeo經四十小時的浸皮後才榨汁，然後在橡木桶發酵，釀成的白酒非常有個性，口感厚實微帶澀味的質地很適合佐配肉類料理。

● Garraf石灰岩山區的Can Ràfols dels Caus酒莊

Albet i Noya位在中佩內得斯山邊的丘陵區。以有機方式種植十多種品種，酒的種類非常多，但頂級酒大多混合許多品種調配而成。Reserva Martí是最有趣的一款，田帕尼優混合希哈與波爾多品種，以及加州的Petite Sirah。熟成六年後上市，帶著毛皮和香料，有非常豐富的成熟酒香。Viognier也頗特別，除了橡木桶發酵的El Blanc XXV，也釀成酸甜可口的甜酒Dolç de les Timbres，喝來有如吃進一口全然成熟的水蜜桃。

Can Feixes位在上佩內得斯區一座十四世紀的莊園裡，Huguet家族從十八世紀就開始釀酒。因海拔較高，這裡產的白酒和氣泡酒特別優雅細緻。尤其是Parellada在高海拔的環境變得輕巧精細，並有奔放果香，夏多內也有不錯的表現。Grand Reserva Brut Nature氣泡酒採用70%的Parellada和黑皮諾混合經三十個月窖藏，是我喝過最清爽優雅的Cava。許多人都認為Parellada不耐久存，不能添加太多，不過Can Feixes的Cava卻是一個反例。Malvasía de Sitges是產自海岸區的多香品種，Can Feixes將此葡萄種到山區，意外釀成多酸均衡、香氣細緻卻甜美圓潤的可口干白酒。

Can Ràfols dels Caus酒莊位在滿覆石灰岩的Garraf山區，是全佩內得斯最特別，或者說，帶一些瘋狂的酒莊。以加泰隆尼亞的創造精神釀造出許多獨一無二的酒款。白酒幾乎每款都很特別，經常有非常豪華的甜熟水果香氣，卻保有非常多的酸味和干白酒少見的結實質地。例如混合Xarel-lo、夏多內和白梢楠（Chenin Blanc）的Gran Caus，或是100%白梢楠釀成的La Calma，以及詭異的雜交種Incroccio Manzoni葡萄釀成的El Rocallís。相較之下，1970年Xarel-lo老樹釀成、經栗子木桶培養的Pairal就顯得正常些，但有很特別的蜂蠟和礦石香氣。

紅酒也許平實一些，100%黑皮諾釀成的AD Fines簡單誠懇，漂亮的新鮮櫻桃香氣已超出西班牙水準。100%梅洛釀成的Caus Lubis及波爾多混合Gran Caus紅酒，帶有一些野味，頗均衡多變也很耐久。

● 以波爾多品種混合成的Gran Caus紅酒是Can Ràfols dels Caus酒莊的旗艦級酒款，但白酒才是他們最特別的強項

普里奧拉
PRIORAT / PRIORATO

René Barbier出生法裔釀酒家族，他們從法國南部的知名產區Gigondas搬到加泰隆尼亞從事酒商的工作。因為採買葡萄酒的關係，他認識了群山環繞、景致粗獷荒涼，常讓人有遺世獨立之感的普里奧拉山區。常帶著家人到這裡旅行度假，1979年因得知普里奧拉的Gratallops村有土地出售，便買下土地建立莊園，當時這個村莊裡只有一輛牽引機和一具電話。1980年代中，在一次到葡萄牙的波特酒產區旅行途中，他發現他所熟悉的普里奧拉跟產波特酒的頂級葡萄園，竟有著非常近似的自然條件。1987年他決定搬到普里奧拉，並在1989年說服包括Alvaro Palacios、Josep Lluís Pérez、Carles Pastrana及Daphne Glorian等在內的其他四個朋友，一起開始他們釀造紅酒的計畫。

種著1900和1960年代格那希老樹的L'Ermita葡萄園，太過斜陡，只能以騾子耕作。雖有2.4公頃，但每年只產三千瓶，是西班牙最傳奇的葡萄酒之一。(Alvaro Palacios S.L.提供)

René Barbier的父親和他同名，原是佩內得斯的葡萄酒商，後來連名帶廠賣掉，最後轉賣給卡瓦氣泡酒（Cava）酒廠Freixenet，現在在西班牙的超市裡標籤上標著René Barbier的廉價葡萄酒，即是產自這家酒廠。René Barbier轉而到利奧哈的Palacios Remondo酒廠工作，當時管理酒廠的是Alvaro Palacios的父親。因為這樣的關係，Alvaro才會在1989年被吸引到普里奧拉。Josep Lluís Pérez是Falset鎮教葡萄種植的高職教師。Carles Pastrana是名吉他手，Daphne Glorian則是瑞士的葡萄酒進口商。

　　他們五人利用周末在Gratallops嘗試用當地的葡萄以新式的技術釀造。五個人將葡萄混在一起，共同釀造之後裝成五個法國橡木桶，經培養後一起裝瓶。最後每人各分得三百瓶，都以法文Clos（有石牆圍繞的葡萄園）為名，由René Barbier的太太分別設計酒標，再手工貼到酒瓶上。這五個Clos分別是René Barbier的Clos Mogador、Alvaro Palacios的

● Alvaro Palacios現在已是西班牙酒業中擁有三家酒莊的教父級人物

● 黑黃相間的Licorella岩石，不只貧瘠且含水性佳，也
讓普里奧拉的紅酒帶有特殊的礦石香氣

Clos Dofi（後改名為Finca Dofi）、Josep Lluís Pérez的Clos Martinet、Carles
Pastrana的Clos de l'Obac（酒莊稱為Costers del Siurana），以及Daphne Glorian
的Clos Erasmus（酒莊後取名為Clos & Terrasses）。

　　這時，當地除了各村釀酒合作社外僅有三家獨立酒莊，包括位在
Scaladei村的Cellers de Scala Dei和De Müller，以及Bellmunt del Priorat村的
Masía Barril。

　　1989到1991三年之間，他們五人持續用此方式一起釀酒。1992年在巴塞
隆納奧運會前，法國《Gault Millau》雜誌酒評家Pierre Crisol，將René Barbier
釀成的第一批葡萄酒評為全西班牙最優秀的葡萄酒。因為太出乎意料，吸引
了許多關注。1992年五人開始各自分開釀酒，1993年Alvaro Palacios在Finca
Dofi之外，以一片六十到一百年的格那希老樹葡萄園釀造了L'Ermita，至今
都是普里奧拉在國際間最知名的紅酒。2001年普里奧拉成為西班牙在利奧

哈外唯一的DOQ（西文稱為DOCa）等級的產區。酒莊數現已將近百家。René Barbier跟Alvaro Palacios等人都早已是西班牙酒業的教父級人物。

這個故事不斷被傳誦，變成西班牙葡萄酒業新浪潮的成功典範。同樣的故事及劇本，似曾相識地開始在西班牙各地的窮鄉僻壤再次重演，有成功也有失敗。但無論如何，吸引了許多人願意花時間及精力，重新思考和探尋過去西班牙葡萄酒世界中曾被遺棄或不屑一顧的珍貴資產。

●René Barbier（左）和Clos Magador的釀酒團隊。他不僅是普里奧拉之父，也是西班牙葡萄酒復興運動的最先鋒

格那希（Garnacha）和Cariñena在西班牙一直被當成是次等葡萄，在許多產區曾被列為鼓勵淘汰的品種，例如在利奧哈，拔掉格那希改種田帕尼優曾可領到補助金。確實，格那希容易氧化，顏色淡卻酒精多，Cariñena雖然顏色深，也頗濃厚，但口感卻相當粗獷，香氣也很平凡。但當這兩個品種的樹齡到達五十年或甚至上百年，如果又是種在像普里奧拉這樣乾燥貧瘠的地方，樹根深深扎入地下岩層，葡萄的產量銳減，如脫胎換骨般地，長成的葡萄已足夠釀成既強勁深厚又細膩多變，且充滿地中海香草及香料香氣的精采紅酒。

1980年代末，普里奧拉的低廉酒價、斜陡難及的葡萄園和嚴重外流的人口，使得這裡的葡萄園很少更新改種更具商業利益的品種，完全無法用機器耕作的老樹葡萄園隨處可見。種植其上的葡萄不是格那希大概就是Cariñena。葡萄長得少，每棵葡萄樹只產1公斤左右的葡萄，但這樣的葡萄1公斤只值幾角歐元。

西班牙各地都有老樹，普里奧拉當然不只有這些。幾乎遍布每片山坡，黑黃相間，有如虎皮般的Licorella岩石，為普里奧拉的紅酒添加地標般的礦石香氣。這種由金黃色石英岩和黑色頁岩所構成的土質，雖貧瘠少土，但保水性佳，不需灌溉即可提高種植密度。產自這樣土壤的格那希和Cariñena在

● 位在東南角的Por-
rera村為群山環繞，
是普里奧拉的最大
村。特別以高品質的
Cariñena葡萄聞名

常見的熟果及香料外，常散發如石墨般的礦石氣味。多酒精的酒中藏著厚實的酒體和非常緊緻堅固的單寧質地。這樣的紅酒風格也許讓人望而生畏，但葡萄酒史上卻不曾有過這樣風格的紅酒。也許可算是加泰隆尼亞從傳統根源中創造出來的另一項前衛摩登滋味。

普里奧拉四面山嶺環繞，特別是上千公尺的Montsant山脈，如一面石牆屏風般立在北面和西北面。葡萄園的海拔高度差異頗大，從東邊河谷邊的100多公尺一直爬升，到了最西邊Montsant山腳邊的La Morera de Montsant村，卻有高達700公尺的葡萄園。區內山勢陡峭，起伏險惡，幾無平地，能夠種植的區域非常有限。大部分葡萄園都位在斜陡的山坡上，只能依靠人工和驢子耕作。現代一點的葡萄園則闢為梯田以利機械操作。即使普里奧拉的葡萄園自二十年前的600公頃擴增到1,700公頃，但仍無法滿足投資者的需求，受到地形限制，也很難再增加，酒價及葡萄園的價格因此相當高昂。投資者退而求其次，只能轉往隔鄰的Montsant。

普里奧拉產區分屬於十二個村莊，雖然距離不遠，但因地形阻隔，各村條件也有差異，未來將發展成西班牙首見的村莊酒（Vi de Vila或西班牙文的

● Clos Mogador主要採用格那希和卡本內－蘇維濃，只添加一點希哈和Cariñena

● Josep Lluís Pérez已經將Mas Martinet交由女兒Sara負責釀造

Vino de Pueblo）。必須是酒莊自有葡萄園所產的葡萄酒才能在標籤標示村名。現在要來談每一村莊的風味確實還有點太早，但產自Gratallops、Porrera和Scaladei等村的紅酒似乎也真的有些差異。

GRATALLOPS

　　Gratallops村是自Falset鎮進入普里奧拉的第一村，位在比較東邊，海拔也稍低一點，主要種植非常多的格那希及一些Cariñena老樹，也有新種的卡本內－蘇維濃、梅洛和希哈。這裡是最多名廠和名園的所在。進入村子前，會先到達位在谷底的Mas Martinet，除了酒莊邊的低海拔葡萄園，Josep Lluís還在500多公尺高的山區開闢梯田葡萄園。現在大多交由女兒Sara Pérez負責釀造，她和先生，René Barbier的兒子，一起成立Venus la Universal和La Vinya del Vuit（由八個人一起合釀）等酒莊，也在其他酒莊擔任釀酒顧問，是一位非常有天分的年輕釀酒師，讓每個年分都各具特色。Josep Lluís的兒子Adria也是釀酒師，負責釀造Cims de Porrera。

● 由金黃色石英岩和黑色頁岩所構成的Licorella岩石

109

Alvaro Palacios酒莊的新建培養酒窖，L'Ermita要在這裡經過一年半的全新橡木桶培養才會裝瓶

● 以梯田式種植的Finca Dofi，除了格那希和卡本內－蘇維濃，還有一些希哈和梅洛

Alvaro Palacios的酒莊位在進村前的山坡上。Palacios主要產三款酒，Les Terrasses是採用來自全普里奧拉一百多塊葡萄園的葡萄所混合而成。主要以Cariñena為主混一些格那希，是一款頗能表現普里奧拉最根本風味的紅酒。不過此酒計畫改為以Gratallops村自有葡萄園釀成的村莊酒，另推出混合各村莊的年輕紅酒Camins del Priorat。酒莊後方即是10公頃的Finca Dofi。此葡萄園較年輕，僅約二十年樹齡，新式種植的梯田大半種植格那希，另外種了約1/3的卡本內－蘇維濃，其他為希哈和梅洛，釀成的酒在三款酒中最現代乾淨。受到釀酒師Joan Asens的影響，Alvaro Palacios的葡萄園已逐漸採取自然動力種植法。

2.4公頃的L'Ermita葡萄園則位在村子北面300至400公尺間的朝北陡坡。80%是1900和1960年代種的格那希老樹,20%是1990年代種的卡本內－蘇維濃。葡萄直接種植於坡上,未闢梯田,只能以騾子耕作。採收後以手工去梗,二十五天左右踩皮式泡皮釀造。因為都是老樹,每年只能釀造約三千瓶。酒的風格不同於普里奧拉的強勁緊澀,反而相當高雅細緻。L'Ermita的成功改變Palacios的想法,轉而採用更傳統的種植法,新種的La Baixada葡萄園也位在涼爽少陽光的北坡,以傳統方式種植,未來可能成為Finca Dofi的一部分。

Clos Mogador和Clos de l'Obac兩家相鄰的酒莊位在村子西南邊。Clos Mogador主要採用格那希和卡本內－蘇維濃,然後添加希哈和一點Cariñena老樹。以René Barbier的招牌釀法釀製。他將葡萄直接放入500公升的橡木桶小量發酵,我在採收季前往參觀,近百個橡木桶擺滿酒莊內各處。雖管理不易,但卻能精確地小量釀造每批葡萄,讓最後的調配有更豐富的材料可用。如此獨一無二的釀法其實起因於他是由一小桶酒開始的酒莊。發酵完成後,以老式的垂直榨汁機壓榨,並在發酵的原桶中培養。

釀成的酒風格非常嚴密緊實,但也很高雅,有許多細節變化。Clos Manyetes是René Barbier新買進的八十年老樹葡萄園,種植70%的Cariñena和30%的格那希,以同樣方式釀成類似風格的紅酒。白酒Clos Nelin也相當特別,以白格那希混合Viognier和黑皮諾釀成。酒微帶一點淡粉紅色,圓潤肥美又有儷人酸味及堅實質地,是頗具咬感的白酒,René Barbier自稱是為El Bulli餐廳那些奇異菜色所構想的白酒。

村內釀酒合作社稱為Vinícola del Priorat,近年來以Onix為廠牌也釀出頗具水準的紅酒,除了價廉物美的Classic,也

● Clos Mogador及背後的Gratallops村

111

● Scaladei村位在
Montsant直陡山腳下
的葡萄園

有100% Cariñena釀成、非常濃厚圓潤的Selecció。村內精英酒莊還包括波
爾多酒商Christopher Cannan所投資的Clos Figueras，跟他在Montsant投資的
Laurona一樣，也是跟René Barbier合作釀造。另外也有採用自然動力種植法
（Biodynamic）的Clos Erasmus。Mas Igneus離村子較遠，位在L'Ermita山腳
下，是由Cava廠Parxet跟佩內得斯的Albet i Noya合作創立的新廠。主要用
Poboleda村的葡萄釀成。Buil & Giné位在相隔不遠處，酒款頗多，大多有頗
標準的礦石和緊實風格。

▍PORRERA 和 SCALA DEI

　　Porrera是普里奧拉最大村，位在東南角。海拔比Gratallops高一些，但氣
候稍微溫和一些，也多一點地中海的影響，氣候較潮濕一點。喜愛乾熱氣候

的格那希比較少見，反而種植相當多的Cariñena，因有更長的生長季，採收季常比Gratallops村晚半個月開始，甚至常延長到11月才結束。加上村內老樹非常多，可釀出非常精采的紅酒。

Porrera的酒莊以Vall Llach和Cims de Porrera最為著名，另有新銳酒莊Mas d'en Compte。而波爾多的Bernard Magrez也在村內設有酒莊，Torres雖然酒廠設在Lloar村，但主要的葡萄園La Giberga卻位在這邊，1996年開始種植，但十年後才推出Salmos紅酒。另外2008年才推出酒款的Ferrer Bobet也設在村子南邊的高坡山頂。

Cims de Porrera現為Castillo de Perelada所有，但繼續由Mas Martinet酒莊幫忙釀造，頂級酒Classic以六十到一百年Cariñena老樹葡萄釀造。常有奇特的香料香氣，圓潤豐滿，單寧緊密細緻，爽口多酸，是極少見的頂尖Cariñena紅酒。Vall Llach為加泰隆尼亞歌手Lluís Llach於1998年所投資的酒莊，也是以八十到九十年的Cariñena老樹為主混一些格那希與卡本內－蘇維濃。也是Porrera村的典型風格，但更細膩些。另外也產較柔和可口的Embruix de Vall Llach。

Scaladei村位在更北邊，海拔更高的地方。八百多年前，因有牧羊人目睹盛裝的天使沿著天梯登上天堂（scala dei），這個小村後來被命名為Scaladei，並興建一座小修院（priorat），日後普里奧拉就以小修院Priorat為名。此修院位在Montsant山腳下，已經損毀。村內有1974年建立的Cellers de Scala Dei，現在為Codorníu集團旗下的酒廠，釀成的酒比較簡單自然一些，不是特別有個性。設在Reu市的De Müller酒廠在普里奧拉也有小酒廠，原本主要釀造非常老式、有些粗獷的陳年Solera加烈酒，如以格那希和Cariñena釀造，較少甜味、充滿乾果香味的Solera 1856 Dom Juan Fort，或是甜型濃厚的Solera 1918 Dom Berenguer。但現在也產新式紅酒。

其他各村有趣或重要的酒莊相當多，如Torroja del Priorat村的Trío Infernal，由法國隆河區（Rhône）的Laurent Combier、Jean

● 第一家以Priorat DO為名裝瓶上市的酒莊Masía Barril，釀造的紅酒非常甜潤濃厚，有如波特般的香氣

Michel-Gérin和Peter Fischer等三名釀酒師合作創立。另外也有精英家族小廠Rotllan Torra及2004年才開始釀酒的Celler Melis。Poboleda村有1998年由村內葡萄農家族設立的Celler Mas Doix，採用家族七十到一百年的老樹釀造。在最北邊、海拔最高的La Morera de Montsant村則有Mas Perinet。

　　Bellmunt del Priorat村有Mas d'en Gil。此酒莊的前身是第一家以Priorat DO為名裝瓶上市的酒莊Masía Barril，1998年為佩內得斯的釀酒家族Rovira買下後才改名。Masía Barril時期所釀造的紅酒酒精度非常高，常達16%，非常甜潤濃厚，雖然顏色不深，但有如波特般的香氣。Freixenet的Morlanda也是產自村內的Viticultors del Priorat。El Morar則有產Clos Galena的Domini de la Cartoixa酒莊。Hebe集團繼斗羅河岸（Ribera del Duero）的Jaro酒莊後開設的Cal Grau也位在此區。

Torroja del Priorat村和新開闢的梯田葡萄園，在普里奧拉的險峻山間已經擠滿葡萄園，很難再有新空間建立新的葡萄園

卡斯提亞－萊昂
CASTILLA Y LEÓN

這片深處內陸、平坦無邊的赭紅高原，

雖然看似粗獷荒涼，卻是西班牙政治上最正統核心的地方，

這裡暢行的卡斯提亞語（Castellano），

現在已經成為通行全球的西班牙文。

在如此乾燥且極端的氣候裡，葡萄園荒疏貧瘠，

但卻輕易地就能釀出有如帶著王者之氣、最雄渾壯闊的西班牙紅酒。

卡斯提亞－萊昂
CASTILLA Y LEÓN

產自卡斯提亞－萊昂自治區，採用田帕尼優（Tempranillo）釀造的斗羅河岸（Ribera del Duero）紅酒，酒體宏大寬厚，有如流著最正統血液的葡萄酒，是西班牙皇冠上最閃亮的寶石。葡萄酒新浪潮席捲西班牙的每個角落，即使是最傳統保守的卡斯提亞－萊昂，也一樣不再是十年前的面貌了。這裡，不再只有斗羅河岸，令人景仰尊崇的酒莊，也絕不再只有Vega Sicilia。

● Ribera del Duero 的新銳酒莊Pago de los Capellanes

十年前採用Tinta de Toro葡萄釀造的多羅紅酒（Toro）開始爭搶斗羅河岸的風采，吸引大批國際投資者前來建廠釀酒。新風格的胡耶達（Rueda）也逐漸以Verdejo品種成功成為西班牙最受歡迎的白酒之一。五年前又換成了Bierzo產區，以門西亞葡萄（Mencía）釀成西班牙未曾有過的全新風味紅酒。但現在以Prieto Picudo葡萄釀成的Tierra de León以及用Juan García葡萄釀造的Arribes，也已在這張地圖上占了新的位置。

1980年代中才初露頭腳的斗羅河岸現在依舊光芒閃耀，但有誰會預料到這片景色粗獷荒涼、平坦無邊的土黃色高原大地，現在竟成為如此多彩多樣的葡萄酒鄉呢？

原本卡斯提亞－萊昂大部分的葡萄園都位在斗羅河流域，特別是集中在瓦拉多利市（Valladolid）附近。不過現在已有些改變，全區現在有多達九個DO產區，其中有五個位在斗羅河岸邊，由上游往西邊分別為Ribera del Duero、Rueda、Toro、Tierra de Zamora和Arribes。但也有位在北邊一些，

●斗羅河和河畔的多羅鎮

斗羅河岸支流Arlanzón河流域的Cigales和Ribera del Arlanza。西北邊的León省內還有Tierra de León和Bierzo兩個DO產區，後者幾乎位在與加利西亞（Galicia）交界的邊境上。（局部圖參見書末封底內裡）

　　卡斯提亞高原深處伊比利半島中北部，離海較遠，有非常典型的大陸性氣候。夏天炎熱冬季酷寒，年溫差大，日溫差也大，夏季白天高溫，夜間卻頗寒涼。雨量也相當少，Ribera del Duero年雨量還有500公釐，更內陸一點的Toro僅約300公釐，葡萄園常有乾旱的麻煩，種植密度很低，如果是新式籬笆式種法，常需人工灌溉才能維持均衡。氣候非常極端，釀成的紅酒也自然帶著大陸性的風格，顏色很深，單寧很多，酒精也高，必須是智慧型的釀酒師才能釀出精巧細緻的風格，但要釀出雄渾壯闊的酒倒是不太難。

　　只有在高原邊緣，例如東北邊的Bierzo產區，有一些來自大西洋的影響，稍微涼爽多雨。在極西邊，Zamora和Salamanca省內的Arribes產區，也有一些大西洋的影響越過葡萄牙到達這裡，但因海拔較低多湖泊，氣候卻轉為較溫和一些的地中海型氣候，沒那麼極端，雨量也稍多些。卡斯提亞－萊昂所

●Ribera del Duero Pesquera村的Tempranillo老樹

117

● Cacabelos鎮是Bierzo產區的酒業中心

在的是一片古老的高原，大部分地方覆蓋著紅色的石灰質黏土和白色石灰岩，河積地形多些砂質和卵石，火成岩質不多，只有在靠近葡萄牙和加利西亞的東端盡頭有些板岩和頁岩。地形平緩，微有起伏。大部分的葡萄園都位處在海拔600到900公尺之間，以歐洲的標準來看，已經是非常高海拔的產區。

斗羅河發源自Soria省與利奧哈自治區（Rioja）交界，海拔2,000公尺的Sierra de Urbión山區，由東往西流橫切過卡斯提亞－萊昂中部。進入葡萄牙後改名為Douro河，在波特（Oporto）附近注入大西洋。全長897公里的河岸邊，孕育了幾個伊比利半島上最知名的產區。葡萄牙境內有波特酒（Port）

位在Sardon de Duero村生產頂級地區餐酒的Abadia Retuerta酒莊

和Douro，相關的兩篇文章已附在本書附錄中。西班牙這邊則有Toro和Ribera del Duero，後文也有專章介紹。

　　以斗羅河岸為名的Ribera del Duero DO產區位在最上游，主要生產以田帕尼優釀造成的紅酒，這個西班牙最重要的品種在卡斯提亞－萊昂稱為Tinto Fino或Tinto del País。在Ribera del Duero的產區範圍內，斗羅河的海拔高度從Soria省內的900多公尺，穿過Bourgos省，直落到瓦拉多利省內722公尺的Sardón de Duero。過了此村就只是生產一般卡斯提亞地區餐酒Vino de La Tierra de Castilla y León的葡萄園。不過這並不意謂這段斗羅河谷地只能生產簡單的日常餐酒。

　　位在Sardón de Duero村的Abadia Retuerta酒莊，200多公頃的頂尖葡萄園直接緊貼在Ribera del Duero產區範圍外。由此往上游6公里即是Vega Sicilia酒莊的葡萄園，自然環境非常近似。但這家由瑞士藥廠在1996年投資、位在十二世紀修院的全新酒莊，除了田帕尼優其實也種植卡本內－蘇維濃（Cabernet Sauvignon）、小維鐸（Petit Verdot）和希哈（Syrah）等國際品種，可以更自由釀造各式風格的葡萄酒，包括許多價昂的單一葡萄園的單一品種紅酒。不過最精采難得的卻是田帕尼優和卡本內－蘇維濃各半混合調成的平價El Paloma，在類似Ribera del Duero的深厚架構中，配置卡本內－蘇維濃滑細的單寧質地，非常優雅迷人。

● Mauro是Vega Sicilia前任釀酒師Mariano Garcia所釀造的頂級地區餐酒

　　再往下游10公里的Tudela de Duero鎮還有另一家卡斯提亞－萊昂地區餐酒的明星酒莊——由Vega Sicilia前任釀酒師Mariano García與表哥在1980年創立的Bodegas Mauro。García在斗羅河附近買了許多條件相當優異的葡萄園。除了田帕尼優還有一些格那希老樹和年輕的希哈。酒的風格相當接近Ribera del Duero，但更多均衡和酸味，Mauro跟Vendimia Seleccionada都釀

得很好。產自百年葡萄園Cueva Baja的Terreus甚至還能釀出如絲般的精巧細緻質地。

斗羅河岸的支流Arlanzón河發源自San Milan山，流經Burgos市後有支流Arlanza匯入，在此支流沿岸即為卡斯提亞－萊昂自治區的新DO產區Arlanza。只有400公頃的葡萄園，主要生產用田帕尼優釀成的紅酒。試過的少數樣品似乎還看不太出這個新的DO有什麼特出之處。

▌CIGALES

Arlanza河注入之後，Arlanzón河繼續往西南流約40公里進入Cigales DO產區。曾經，Cigales在卡斯提亞－萊昂酒業所扮演的角色，主要是釀造類似淡紅酒的平價粉紅酒。最近歐盟試著讓紅酒混合白酒以調成粉紅酒合法化。不過卻引來許多反對聲浪。在西班牙，有些粉紅酒是用黑葡萄混合白葡萄一起釀造而成的古老方法釀造。混的是葡萄，不是葡萄酒，所以不在違法之列。Cigales的粉紅酒即是其中之一，Verdejo和Abillo白葡萄混進田帕尼優和

● Cigales有非常多的田帕尼優老樹，葡萄園後方是規模龐大的Museum酒莊

格那希（Garnacha）中確實頗特別，如果釀得好，有頗新鮮的奇異果香。

● Frutos Villar有一部分葡萄酒是在此看似窄小的地下岩洞中釀造

不過這裡的酒莊似乎並不以此粉紅酒為傲，因為將近3,000公頃的葡萄園裡有非常多的田帕尼優老樹，他們期盼的是釀出可跟Ribera del Duero一較高下的頂尖紅酒。這裡的土壤以沙礫土為主，可釀成濃厚風味的紅酒。但在產區的南邊有較多的石灰質，可以讓田帕尼優變得更優雅多果味。現在大部分酒莊都轉而集中釀造田帕尼優紅酒。精英酒莊包括由Mauro酒莊合作釀造的César Príncipe、由一群釀酒師合作釀造的Translanza，另有Frutos Villar、利奧哈El Coto集團投資的Finca Museum，以及Ribera del Duero的Matarromera集團在這裡設的Valdelosfrailes酒莊。

Frutos Villar在Toro跟Ribera del Duero都設有酒莊，但總部設在這邊，除了新式的酒窖，有一部分葡萄酒是在隔鄰的傳統地下岩洞中釀造。Cigales的酒以Calderona為廠牌，兩款粉紅酒都是以100%田帕尼優釀成的新式風格。

紅酒Crianza和Reserva都頗具架勢，但Elite最為特別，有複雜多變的香氣。Finca Museum則是2000年開始的全新計畫，年產兩百萬瓶，卻只有Crianza和Real兩款紅酒。由Roberto Zarate負責釀造，產量很大，品質相當穩定，特別是Museum Real，如果不考慮是Cigales算是頗超值。Roberto Zarate是一名格那希愛好者，他用百年老樹釀成的細緻紅酒是我喝過最像黑皮諾的格那希，不過這些酒全被調進Museum而從未單獨裝瓶。

● 採用金屬酒標的 Museum Real紅酒

121

▌胡耶達RUEDA

　　Arlanzón河在卡斯提亞古都瓦拉多利市南郊注入斗羅河。繼續往西流至Tordesilla附近，進入專產白酒的胡耶達產區。8,000公頃的葡萄園從680公尺的斗羅河岸邊往南一直漫延到850公尺高的Sergovia和Avila兩省境內。胡耶達傳統即以生產白酒為主，一半以上的葡萄園種植Verdejo，新近也開始流行白蘇維濃（Sauvignon Blanc），但仍有一些Macabeo和Palomino，除了混合Verdejo，主要用來釀造老式的陳年白酒。胡耶達也產一些粉紅酒和紅酒，不過不是很特別，產量也不多，主要品種還是田帕尼優。

　　胡耶達大部分的葡萄園和酒莊位在瓦拉多利省斗羅河南岸，大多是沖積沙地跟卵石地，但也混有許多石灰岩質。越南方的海拔更高，氣候涼爽一些，可以更加均衡，但葡萄園反而較零星。Verdejo是西班牙中部高原上表現最好的白葡萄品種，相當能適應極端的大陸性氣候。Verdejo的酸味頗多，新式釀成的白酒顏色微帶綠，在卡斯提亞的炎熱夏季喝來頗清新爽口，微有些苦味，很止渴消暑。Verdejo的香氣頗濃，除了青草香，也有許多果香，甚至花香，但還稱不上高雅。

● 胡耶達是西班牙中部唯一以白酒聞名的產區

西班牙人習慣在非常年輕時新鮮飲用，大多裝瓶上市一年內就會喝完，所以大部分的酒莊都提早採收，大型不鏽鋼槽簡單釀造，並不特別花心思。

對於廉價早喝的白酒這確實不是壞事，不過似乎也限制了Verdejo的潛力及可塑性。在缺乏國際級干白酒產區的西班牙，也開始有些精英釀酒師和酒莊嘗試新的釀造方式，也出現一些比較不同風格的Verdejo，如低溫泡皮、死酵母培養或橡木桶發酵等。

● 1949年創立的Hijos de Alberto Gutierrez 酒莊

1970年代前，Rueda主要仿效陳年雪莉酒風味，釀造散裝的加烈酒。為了加速熟成，他們將白酒放入16-17公升的Cántaros玻璃瓶中，放置在太陽下曝曬，強烈的紫外線和極大的日夜溫差，讓葡萄酒很快就氧化成陳年老酒。之後再放入木桶中陳年讓酒的風味變得細緻些。顏色深一點的稱為Dorado，年輕顏色淡一些的稱為Palido。1949年創立的Hijos de Alberto Gutiérrez是少數仍釀造老式Dorado陳年白酒的老廠，其Dorado稱為Saint Martín，喝來有點類似一般等級的馬德拉酒（Madeira）。

三十多年前，利奧哈的Marqués de Riscal酒莊為了找尋更適合釀造白酒的產區，與波爾多的Emile Peynaud教授合作，在胡耶達發現了以Verdejo及白蘇維濃釀造新鮮干白酒的可能。因為很討喜，在西班牙國內市場大受歡迎。Riscal的Rueda除了一般的Verdejo，也產橡木桶發酵的Limousin及100%的白蘇維

裝在Cántaros玻璃瓶中，於陽光下曝曬加速熟成的Dorado陳年白酒

● Palacio de Bornos
酒莊的Verdejo白酒

濃。現在有非常多卡斯提亞－萊昂紅酒產區的酒莊就近到此釀造白酒，使得胡耶達雖非高級名酒產區，但名廠卻相當多。老廠除了Hijos de Alberto Gutiérrez，還有1870年創立的Vinos Sanz，只產新式酒，在La Seca村有條件非常優異的Finca La Colina葡萄園，釀成的Cien x Cien非常可口多酸。也是1970年代創的Palacio de Bornos，也釀造許多新鮮爽口的Rueda。其Vendimia Seleccionada白酒則是採用老樹、完全成熟的葡萄，經橡木桶發酵釀成，口感更圓厚，也多出熟果和香草香氣。

新興的精英酒莊，有Belondrade y Lutron專產橡木桶發酵的昂價Rueda。另外位在La Seca村的Naia，釀成的Verdejo強勁濃厚且多酸，帶熱帶水果香氣。另一款Naiades為橡木桶發酵版本。Orowine新成立的Shaya產自南部靠近Sergovia省的高海拔葡萄園，新鮮的花草香氣中帶有濃郁的百香果香。Ribera del Duero的Aalto酒莊，也以Sergovia省Nieva村百年以上無嫁接砧木的老樹，用橡木桶釀成很濃厚的Ossian。該村因為多沙質地，沒有根瘤芽蟲病的問題，村內的合作社Viñedo de Nieva也有一款無砧木老樹的Verdejo白酒Pie Franco，因無橡木桶味更能透明顯現此品種的極限。

● 精英酒莊Jose Pariente以100% Verdejo
釀成的Rueda白酒

124

胡耶達西邊與Toro產區相接，所以有很多Toro酒莊也釀造Rueda白酒。最著名的要屬來自法國的François Lurton酒莊所釀造的Hermanos Lurtron，以及橡木桶發酵的Cuesta de Oro，風格較為細緻一些。他們在兩個產區的交界處蓋酒莊以同時生產兩個產區的葡萄酒。另外前Dos Victorias酒莊在胡耶達釀造的José Pariente也釀得非常好，常在草香中多了些清新的青檸檬香氣現已獨立運作。

外來的集團如Felix Solís的Pagos del Rey、Domecq Bodegas的Aura，另外Pradorey、Proto、Freixenet和Emina等集團也都在此設廠，相當熱鬧，因為釀造容易，也大多都頗爽口多酸。

▎ZAMORA省

斗羅河繼續往西流，進入更深處內陸的Zamora省。首先流經以出產超級濃厚紅酒聞名的Toro鎮。再往西20多公里到達Zamora市，周圍環繞著的是新成立的DO產區Tierra del Vino de Zamora，有700多公頃。跟Toro一樣，也是一個專產紅酒的產區，且大多是田帕尼優的別種Tinta de Toro。包括全新成立的Viñas del Cénit在內，知名的酒莊還不太多。

斗羅河往西到葡萄牙國境附近遇到堅硬的花崗岩山脈阻擋，轉而往西南流，成為西、葡兩國的國界河，一直到Salamanca省的La Fregeneda村附近才切穿山脈進入葡萄牙。這時的海拔高度僅及100多公尺。在斗羅河往南這段河岸有非常特殊的自然環境。高原暴戾的氣候受大西洋的影響逐漸轉為溫和的地中海型氣候。沿著河的東岸，是新成立的Arribes DO產區。雖然僅有700公頃的葡萄園，但因環境獨特封閉，有許多特有的葡萄品種。

例如被稱為Malvasía Negra的Juan García，是本地特有種。因Arribes區內的白葡萄以Malvasía最多，所以種植最廣的黑葡萄Juan García被稱為黑色Malvasía，但與此源自希臘的品種並無關聯。Rufete也是鄰近

Arribes產區以Juan García葡萄釀成的紅酒

● Ribera de Pelazas
酒莊以百年Juan
García老樹釀造的
Gran Abadengo紅酒

● Mesopotamia紅酒是Fariña酒莊在Arribes的實驗新釀

　地區的品種，在葡萄牙那邊稱為Alvarinho Tinto，適合釀成柔和清淡的紅酒。
Bruñal是更少見的品種，葡萄顆粒小，釀成的紅酒我僅喝過Ribera de Pelazas酒
莊釀造的版本，單寧相當緊澀，但圓潤均衡，似乎頗具潛力。

　　第一次喝到的Juan García是Toro的Fariña酒莊在Arribes釀造的
Mesopotamia，熟果混合礦石的香氣頗為特別。雖然他們告訴我此品種的皮
不厚，單寧不多，但Arribes成為DO產區後我品嘗更多的Juan García卻常遇到
粗糙的澀味。Ribera de Pelazas酒莊以百年老樹釀造的Gran Abadengo是少數稱
得上單寧滑細、熟果礦石兼具的精采版本。也許這又是個需要時間才能釀成
精緻紅酒的品種。

▌LEÓN

　　León省一直到2000年代初，Bierzo開始成名後才在卡斯提亞－萊昂自治
區的葡萄酒業中受到注意。不同於極端的大陸性氣候，不同於紅色的石灰質
黏土，也不同於田帕尼優葡萄，大西洋的海風、黑色的頁岩和門西亞葡萄讓
Bierzo很快就成為西班牙酒業的新寵，於後有專章討論。2008年León省內又
多了新DO產區Tierra de León。

產區內有1,000多公頃的葡萄園，主要位在León市南邊Valencía de Don Juan市附近，南端也有一小部分在瓦拉多利省內。區內最著名的品種為Prieto Picudo，皮多汁少，釀成的葡萄酒顏色很深，單寧很多，酸味頗高。釀得好可以很精采，但也可能變得很粗獷。Villacezan和Pardevalles算是將此品種釀得較細緻的酒莊。不過最受矚目的是Bierzo酒莊Dominio de Tares創立的Dominio Dostares有115公頃的老樹，2004年試釀的版本顏色深黑，有甘草香氣，也多酸味。2005年推出以Prieto Picudo釀成的Cumal和Leione紅酒，在濃縮中雕琢出新鮮細緻的一面，不過卻是以地區餐酒銷售。

Prieto Picudo過去常被釀成粉紅酒，顏色深，但喝來頗新鮮可口。Tierra de León也產一些白酒，除了Verdejo，也有來自Asturia的Albarín，過去多釀成老式甜酒，釀成新鮮的干白酒顯得非常有趣，在檸檬果香外還帶有花香，相當新鮮可口。

● Tierra de León產區的傳統酒窖經常設在地下岩洞之中

Cangas

León王國在十世紀時曾以Asturia的Oviedo作為首都，遷都León市後成為León王國。現在的Asturia是單一省分的小自治區，區內只有一個地區餐酒的產區Cangas。白酒以Albarín為主釀造，頗新鮮可口，即使用橡木桶發酵培養，如Monasterio de Corias酒莊的Corias by Pedro Morán，也不會被掩蓋特性。似乎是一個頗具潛力的白葡萄品種。這裡也產紅酒，以門西亞和一些少見品種如Carrasquín、Albarín Negro及Verdejo Negro等混合調配而成。

斗羅河岸
RIBERA DEL DUERO

田帕尼優（Tempranillo）是西班牙最引以為傲的葡萄品種，從加泰隆尼亞（Catalunya）到安達魯西亞（Andalucía），不管是否合適，幾乎都種植了這個最能代表西班牙的品種。雖然不是每個地方都成功，但這讓很少被種到其他國家的田帕尼優，可以在國內就釀成非常多樣變化的紅酒。

將近二十年前，曾在休·強生（Hugh Johnson）的書上讀過田帕尼優像黑皮諾（Pinot Noir）的說法。時間可以告訴我們很多理所不當然的事，特別是在西班牙。那時候，新一代的利奧哈紅酒（Rioja）尚未問世，極為濃縮粗獷的Toro紅酒甚至還不為外人知，斗羅河岸產區（Ribera del Duero）還只是在談到Vega Sicilia酒莊時順便一提的註腳。即使是葡萄酒專家都還沒有機會見識到現在斗羅河岸產區隨處可見、顏色深黑如墨、有著大量單寧，由嚴密的澀味與高酒精的豐滿口感所架構成的田帕尼優紅酒。不過那時候，有些利奧哈產的紅酒還真像黑皮諾，至少酒的顏色看起來頗為相似。

1986年美國酒評家羅伯·帕克（Robert Parker）在《Food & Wine》雜誌的專欄裡提到：「你可以在葡萄酒店裡買一瓶Château Petrus，大概需花費290到300美元。但你只要花12美元，也可以買一瓶有著同樣風格的西班牙葡萄酒。」這裡他所提到的西班牙酒正是由Alejandro Fernández所釀造、產自斗羅河岸，1982年分的Pesquera紅酒。在Artadi和Roda等新

● 斗羅河由東往西橫穿過跨越三個省分，以斗羅河岸為名的Ribera del Duero產區。海拔高度也從900多公尺，直落到722公尺

式酒莊成立前,羅伯‧帕克對不夠濃厚的利奧哈紅酒常感失望。這個困擾至少藉由斗羅河岸產區的崛起而得以消解。當時他已是美國最具影響力的葡萄酒作家,不管Alejandro Fernández是否真的將田帕尼優釀成像Château Petrus那樣的頂級梅洛紅酒,但當地許多酒莊都認為這對當時還沒沒無聞的斗羅河岸產區是個重要的轉捩點。

雖然產區裡最著名、也可能是西班牙知名度最高的酒莊Vega Sicilia早自1864年即已創立,但斗羅河岸在1982年才正式成為DO產區,剛設立時名氣甚至還不及早兩年成立、主要產白酒的Rueda。而Vega Sicilia也晚到此時,其所生產的Unico紅酒才得以從Vino de Mesa變成DO等級的酒。但經過二十年,斗羅

● Vega Sicilia酒莊的最精華葡萄園位在斗羅河南岸的面北山坡上。這一帶有許多白色的石灰質土,也較貧瘠,釀造Unico的葡萄主要來自此區

河岸已成為西班牙整個中部高原上最精英的產區。產區名為斗羅河岸,其範圍確實也是沿著斗羅河的兩岸分布,從Soria省經Burgos省到瓦拉多利省(Valladolid)共120公里寬,有17,000公頃的葡萄園。

瓦拉多利省內的斗羅河岸因為離西班牙前首都瓦拉多利市近,葡萄酒業發展較早,有較多的名莊位在這邊,但事實上葡萄園卻僅占10%而已。超過80%以上的葡萄園都位在海拔較高的Burgos省內。Soria省因為天氣較冷,葡萄園最少。這裡大多種植田帕尼優。不過Vega Sicilia自十九世紀即引進波爾多品種,於是DO法律特別為Vega Sicilia訂製允許添加卡本內-蘇維濃(Cabernet Sauvignon)、梅洛(Merlot)及馬爾貝克(Malbec)的條文。另外在一些老葡萄園裡也有一些格那希(Garnacha)和Albillo白葡萄。不過斗羅河岸規定只產紅酒和粉紅酒。白葡萄除了釀成地區餐酒,也可能混入紅酒一起釀造。

129

跟卡斯提亞－萊昂大部分產區一樣，斗羅河岸也是一片覆蓋著石灰質黏土的古老高原，高低起伏不大，即使是斗羅河岸邊也只沖刷成淺淺的谷地，並沒有很深的河谷。這些紅色石灰質黏土大多混合一些沙子，質地粗鬆，頗貧瘠，相當適合種植葡萄。但有些區域有較多的石灰質，例如在Pesquera村及Valbuena村的南岸山坡附近。在比較高坡的地方也較常有高比例的石灰質，甚至出現白色土壤的葡萄園。一般認為較多石灰質的土壤可讓田帕尼優表現出更緊實高雅的一面，而黏土多一些的地方可以釀出較強力厚實的紅酒。

因位處斗羅河上游，海拔較高，全區葡萄園幾乎都在750公尺以上，在Burgos省內的最高葡萄園甚至已逼近1,000公尺。而高海拔正是斗羅河岸不同於其他田帕尼優紅酒產區的關鍵原因。雖然比較寒冷的氣候增加霜害的危險，生長季也較短，但極端溫差大的氣候讓葡萄在夏季的夜晚，可以因涼爽的低溫多保留住一些酸味。

　　這裡的田帕尼優所釀成的紅酒，無論是酒中的色素、單寧和酒精都多，甚至成熟的果味也很豐沛。雖屬濃重厚實、骨架結構很大的紅酒，但因成熟的葡萄也能保有酸味、有頗佳的均衡感，以及耐久存的潛力。不過，跟所有卡斯提亞－萊昂產區一樣，最大的挑戰不在濃厚，而是釀出風味細膩的葡萄酒。斗羅河岸為數龐大的酒莊中，已有許多釀酒師具有調教田帕尼優的天分，用各式各樣的方法釀出強勁卻優雅的頂尖紅酒。而這也許是斗羅河岸最珍貴的地方。

　　西班牙傳統喜愛使用美國橡木桶培養葡萄酒，一來因為便宜，另外也因美國橡木比較耐用，而且更重要的是西班牙本地的消費者似乎頗喜愛帶著濃重香草香味的紅酒。經過中度以上烘焙的美國橡木含有相當多的香草精。斗羅河岸雖然也有依培養時間長短分出Crianza、Reserva和Gran Reserva等級，但新派的酒莊並不常使用，一般酒莊比較常用培養兩年的Crianza跟三年的Reserva，五年的Gran Reserva已不常見。

　　有很多酒莊的入門款常直接稱為Roble的semi-crianza，Roble是橡木的西班牙文，意思就是有經橡木桶培養，semi-crianza則是指可能僅有數個月的時間，喝的時候保證可以聞到橡木香氣。雖然我認為在標籤上寫這樣的字頗殺風景，但在本地卻非常盛行，連精英廠也這樣做，顯然有助酒的暢銷。現在斗羅河岸的價格頗高，一般無橡木桶培養的年輕紅酒雖然頗年輕新鮮，但似乎不太符合買酒者對高價酒的期待。

　　近年來，大多數的精英酒莊也使用法國橡木，特別是在釀造頂級酒時，如果是兩年以內的培養，法國橡木桶可讓田帕尼優有更細緻變化的香氣。類似Vega Sicilia的釀造傳統，斗羅河岸也有酒莊採用大型木造酒槽培養葡萄酒，因為橡木與酒接觸的面積變小，氧化速度更慢，酒可以更緩慢的速度熟成，在木槽中的時間甚至可延長到十年。

● 越來越多斗羅河岸酒莊，如圖中的Monasterio酒莊，捨美國橡木，改採法國橡木桶來培養紅酒

● 斗羅河岸除了紅色石灰質黏土，在高坡處也有高比例的石灰質土壤，如圖中這片位於Peñafiel鎮附近的葡萄園

　　越來越集團化的西班牙酒業，幾乎每家都想在這裡擁有一家酒莊。於是斗羅河岸從一家Vega Sicilia發跡到現在已有將近兩百五十家酒莊，確實頗為驚人。我品嘗過其中五十多家的紅酒，也拜訪了其中二十家的酒莊，我必須承認，跟加泰隆尼亞的普里奧拉（Priorat）一樣，這裡的葡萄酒水準頗高，釀成的葡萄酒也有頗一致的地方風格，而且酒風較為精緻的酒莊有越來越多的趨勢。也許這是斗羅河岸酒價高漲後唯一值得安慰的事。

　　位在瓦拉多利省內的斗羅河岸葡萄園雖然不多，但卻名莊雲集，也有一種說法是斗羅河岸的金三角是Valbuena、Pesquera和Peñafiel三個村鎮間的葡萄園。無論是否與事實相符，這三個村鎮卻肯定有最多的明星酒莊。

▎VALBUENA DEL DUERO村

　　1864年創立的Vega Sicilia酒莊就位在產區西邊Valbuena del Duero村的斗羅河南岸。葡萄園由Don Eloy設在他父親買的一片2,000公頃土地上，此園稱為Pago de la Vega Santa Cecilia y Carrascal，後來才簡稱為現在的名字。Don Eloy從波爾多引進卡本內－蘇維濃、梅洛、馬爾貝克、卡門內爾（Camenère）和黑皮諾等葡萄種植。不過在釀酒上並不是很成功，葡萄甚至只用來釀造白蘭地。1900年代新莊主Herrero家族和釀酒師Domingo Garramiola Txomin重整酒莊後，開始以波爾多的釀造方法釀製葡萄酒，並於1915年正式自己裝瓶，推出Vega Sicilia跟Valbuena兩款酒。1929年世界博覽會在巴塞隆納舉行，Vega Sicilia曾得到榮譽大獎Gran Premio de Honor，現在都還標在旗艦酒Unico的酒標上。

　　Vega Sicilia成名時，是附近地區內唯一的一家酒莊，頗出人意料的是，晚至1970年代才開始有其他酒莊設立。經多次轉手，Vega Sicilia在1982年成為Alvarez家族的產業，900公頃的莊園有240公頃的葡萄園，主要的品種已是田帕尼優，但還保有原來的卡本內－蘇維濃、梅洛及馬爾貝克。葡萄園被N122公路切成兩部分，北邊靠近斗羅河岸，地勢比較平坦，土壤以黏土和砂質為主，也有一些礫石，酒的風格比較粗獷強勁。N122南邊為面北山坡，有許多的石灰質，也較貧瘠，老樹也大多在這邊，酒的風格轉而比較優雅，釀造Unico的葡萄主要來自這區。

　　Alvarez家族在1992年於Peñafiel附近設立另一家全部種植田帕尼優的酒莊Alión，接著1993年在匈牙利的Tokaj產

● 混合田帕尼優、卡本內－蘇維濃及極少的梅洛釀成的Unico紅酒，要經過十年的橡木桶和瓶中培養後才會上市

● 1864年創立的Vega Sicilia酒莊是西班牙的第一名莊

133

區買下Oremus，2001年在Toro設立Pintia，成為經營四家酒莊的釀酒集團。曾在波爾多學習釀酒的Xavier Ausás從1992年起在Vega Sicilia工作，1998年取代原本的Mariano García成為釀酒師。他也負責Alión跟Pintia的釀造，每家的風格及釀法都非常不同。

　　Vega Sicilia只產三款酒，最知名的是Unico，只在好年分生產，混合的比例每年不同，但大概會有80％的田帕尼優，20％的卡本內－蘇維濃和極少的梅洛。釀成後先經七年的橡木桶培養，再經三年的瓶中培養才會上市，有時甚至會更久，例如1970年在木桶中陳放了十六年之久。Vega Sicilia自設有製桶廠，有小型的美國及法國橡木桶，也有800到2,000公升的大型木造酒槽。

　　在木桶的選擇上，Xavier Ausás有相當特別的想法。在七年的木桶培養中，酒先在木造酒槽熟成，之後改到全新的小型橡木桶中進行Xavier Ausás

● 正在全新橡木桶中進行「肌肉訓練」的Unico紅酒

所說的肌肉訓練，接著放入兩年的舊桶進行
所謂的教育階段，然後再回大型木槽進行休
養恢復階段。這樣的七年培養法確實相當特
別，也許這正是Unico喝來常有陳年香氣，
卻又常保新鮮，同時很耐陳放的關鍵之一。

　　混合不同年分的Reserva Especial也很特
別，這是西班牙酒業老式傳統的改進版。有
訂單才裝瓶是過去西班牙酒莊的習慣，通常
現有的年輕年分混合一些舊年分的陳酒一起
裝瓶，以滿足西班牙人對陳年香氣的喜好。
Reserva Especial通常混合三個年分以保有最
均衡多變的穩定風味。Valbuena 5°是所謂
的二軍酒，通常選用年輕的葡萄，田帕尼優
外主要加梅洛，較少有卡本內－蘇維濃。
在不產Unico的年分也可能採用最佳葡萄園
的葡萄，例如1992、1997、2000和2001。
Valbuena 經三年半的木桶培養，一年半的瓶
中培養共五年後上市，這是5°的由來，以
跟另一款已停產的Valbuena 3°區別。

　　Valbuena村的北岸也有一些酒莊聚
集，在卡斯提亞－萊昂擁有六家酒莊的
Matarromera集團有三家酒莊位在附近。設有葡萄酒文化博物館的Emina生
產相當多種的紅酒，風格新潮一些，但大多有相當多木桶香氣。同集團的
Rento位在十六世紀的古宅中，生產同名單一酒款。Matarromera的風格則比
較傳統些。Lleiroso是由藥廠老闆於2001年投資興建的新酒莊。雖無太多自
有葡萄園，但酒的風格相當細緻優雅。在離河岸較遠的山區也有一家位於海
拔800公尺的Montebaco酒莊，釀造厚實均衡的紅酒。

● Valbuena村北岸
建於十二世紀的熙
篤會修院Monasterio
de Santa Maria de
Valbuena

● Matarromera是斗
羅河岸的大型酒業集
團在Valbuena村有三
家酒莊

135

▌QUINTANILLA DE ONESIMO村

● 丹麥人Peter Sisseck是Pingus的莊主，也是Monasterio酒莊的釀酒師

● Dominio de Pingus酒莊的培養酒窖

此村位於Valbuena的西邊，是斗羅河岸的最後一村，有Dominio de Pingus、Arzuaga Navarro及Finca Villacreces等名莊位在村內。

僅於特優年分生產的Unico有很長的時間一直是西班牙最貴的葡萄酒，直到1995年分的Pingus出現，一瓶產自Quintanilla de Onesimo村，由當時沒沒無聞，完全沒有葡萄園，且才剛到斗羅河岸沒多久的丹麥年輕人所釀造的全新紅酒。故事是從1990年開始的，在法國波爾多工作的丹麥人Peter Sisseck跟隨他的舅舅Peter Vinding-Diers來到斗羅河岸產區替Hacienda Monasterio酒莊釀酒。Peter在波爾多時就已見識到車庫酒莊的崛起關鍵：微不足道的產量，讓酒評家為酒打出高分，同時還必須有超出常理的天價。1994年他開始找尋合適的葡萄園，隔年找到三塊樹齡超過六十年的老樹，跟葡萄農買下原本廉價賣給釀酒合作社的葡萄。總共釀成十五桶，約可裝成四千五百瓶的紅酒，取名Pingus。

透過美國進口商Mannie Berk的引介，羅伯‧派克品嘗到這瓶酒，並說：「這是我喝過最好的紅酒之一。」並給予98分的評價。這原已是高價的保證，但1997年11月24日，載著九百瓶1995年Pingus的貨櫃輪MV Elise號遇到大浪沉沒。原本僅有三百多箱的Pingus頓時減少了1/5，酒價更上層樓，成為西班牙最貴的葡萄酒。最貴這個頭銜為Peter吸引來更多想嘗一口的顧客和媒體，2000年此酒每瓶價格達到500美元，現在更已超過1.000美元，由於當年幾乎全數銷往美國，今日在西班牙當地甚至已接近2,000美元一瓶。

原本Peter只有一個5,000公升的釀酒槽，但現在有十多個小型木槽和不鏽鋼槽供他使用，採收時也有乾冰替葡萄降溫，進行低溫泡皮。釀造Pingus的葡萄園只有5公頃，另外有20公頃位在La Horra村，超過70%是五十年的老樹，是用來釀造二軍酒Flor de Pingus的葡萄園，不過在1997跟2002年（Unico停產的是2001年）因年分不佳停產時，也會使用釀造Pingus的葡萄園。Hacienda Monasterio現在也由他負責釀造，在技術上Peter已可隨意地根據葡萄改變各式的釀法。Flor de Pingus和Pingus我都只品嘗過兩個年分，都釀得相當好，特別是緊緻滑細的單寧質地，在斗羅河岸還頗少見。

Pingus成功的範例讓許多西班牙酒莊在定價上更見野心。同樣的操作模式後來很快被西班牙許多酒莊仿效，少量生產，結合美國酒評家的高分，以驚人的天價銷售引來更多媒體和收藏家的注意。例如史上唯二連續三年拿到《Wine Advocate》雜誌（羅伯·派克後來將西班牙葡萄酒的評分工作交由醫生朋友Jay Miller負責，不再自己品嘗）100分滿分的利奧哈紅酒Contador。跟Pingus一樣，在大部分的人都還沒聽說之前，在美國市場上已有300多美元的身價。西班牙的Cult wine是否會跟波爾多的車庫酒莊一樣，在高分酒不斷被創造後，也逐漸失去維持高價的動力？應該很快就可見分曉。

● Arzuaga Navarro
不只以葡萄酒聞名，
酒莊餐廳的烤羔羊腿
也非常美味

Arzuaga Navarro和Vega Sicilia雖屬不同村，但兩家酒莊的葡萄園卻彼此緊緊相連。1993年由同名的家族建立，酒莊同時設有區內最豪華的飯店和餐廳。酒的風格頗濃厚實在，也有點老式，但自從2004年由Jorge Monzón擔任釀酒師後，酒的風格變得越來越精細。因曾在Domaine de La Romanée-Conti酒莊工作，採用許多布根地（Bourgogne）紅

137

● 雖然年產2萬公升，Pingus酒莊有十多個大小不同尺寸的不鏽鋼和木造酒槽

酒的釀法，例如使用踩皮而捨棄淋汁的釀造法，也使用部分不去梗的整串葡萄。另外甚至開始添加一小部分的白葡萄Albillo釀造紅酒。Reserva跟Crianza等級都釀得相當好。Gran Arzuaga也常有多層次變化，只是也有頗具野心的價格。Arzuaga Navarro在Toledo省內也設有Pago Florentino酒莊，以田帕尼優釀造，雖是地區餐酒，但具相當水準。

▌ PESQUERA DEL DUERO村

　　Pesquera村位在斗羅河北岸，因Alejandro Fernández所釀造的紅酒以Pesquera村為名而成為斗羅河岸最知名的酒村，名氣甚至超過與Vega Sicilia二軍酒同名的Valbuena村。Alejandro Fernández因設計甜菜耕作機而致富，1972年他決定建立一家酒莊，1975年與釀酒師Teófilo Reyes合作，開始生產第一個年分的葡萄酒。

　　原本Alejandro Fernández採用老式的水泥槽釀酒，整串葡萄不去梗直接放進寬大的水泥槽發酵。1982年酒莊新添不鏽鋼酒槽和去梗機，用來釀造給外銷市場的Tinto Pesquera，羅伯·派克所品嘗到1982年分即是以新法釀造。供

● 讓Pesquera村揚名國際的Alejandro Fernández酒莊

● Pesquera村外的隱士小教堂Ermita de la Virgen de Rubialejos

● Emilio Moro的頂級
酒窖Malleolus，是精
選二十五到七十年老
樹釀成

應國內市場還是以傳統法釀造。不過兩款酒特別各留了2,000公升，混合後放橡木桶中培養三年。Alejandro Fernández發現此混合版本比其他兩個版本更均衡，於是在1986年裝瓶，以希臘門神為名，成為Pesquera最著名的Janus Gran Reserva紅酒。

Pesquera只採用田帕尼優釀造，且只用美國橡木舊桶來培養。現在除了Janus，所有酒都以不鏽鋼槽釀造，分別為Crianza、Reserva和Gran Reserva。無論是那個等級，Pesquera的紅酒都非常接近斗羅河岸的典型，豐盛的果香與木香交織，酒體雄壯濃厚，卻多酸均衡，有著如巧克力般的單寧質地。1988年Alejandro Fernández在Burgos省的Roa de Duero村又建立另一家風格頗類似、但粗獷些的Condado de Haza酒莊。另外還擁有兩家也是以田帕尼優紅酒聞名的酒莊，分別是Zamora省內的Dehesa La Granja和位在La Mancha的El Vinculo。

相鄰不遠的Emilio Moro酒莊雖然1932年就開始在Pesquera村種植葡萄，但1987年才開始釀酒。現在有105公頃的葡萄園，全都位在瓦拉多利省內，只種植田帕尼優。最便宜的Resalso自然均衡，頗多果香，一般的Emilio Moro更為精緻多變。但頂級酒款的風格較濃厚且多澀味，萃取多，單寧多，顯得較為粗獷。有精選二十五到七十年老樹釀成的Malleolus，和另兩款單一葡萄園的Valderramiro和Sanchomartín。

● Monasterio是一家無論葡萄園的種植或釀造及培養法完全比照波爾多的酒莊

● Pesquera村含高比例石灰質，滿布白色土壤的葡萄園。一般認為可出更緊實高雅的田帕尼優紅酒

　　另外Moro家族也跟演員、記者和足球員等，於2002年合資創立Cepa 21酒莊。釀造更摩登、更多新鮮香氣的紅酒。原本在Emilio Moro酒莊釀造，現已遷至位於Castrillo de Duero村的自有酒莊。另外加泰隆尼亞的Cava廠Parxet也在村內設有酒莊。Hebe集團的Jaro酒莊和葡萄園也都位在這邊，風格較甜熟，也相當濃厚，但澀味相當強。東鄰的Curiel de Duero村有加泰隆尼亞Codorníu集團的Legaris酒莊。

　　在Pesquera的範圍內，位在村子西邊靠近Valbuena村，有非常重要且特別的Hacienda Monasterio和Dehesa de los Canonigos兩家酒莊。Hacienda Monasterio全依照波爾多的種植和釀造概念所建造。1990年創立時就以高密度（每公頃四千棵，比傳統多一倍），用Guyot剪枝法的低矮籬笆種植田帕尼優，70公頃的葡萄園位在朝南的山坡上，有非常多的白色石灰岩質。除了75%的田帕尼優，還種有卡本內－蘇維濃、梅洛和馬爾貝克。酒莊現由Pingus酒莊的Peter Sisseck負責釀造。釀法也相當波爾多，使用較長的發酵後泡皮，讓酒更柔和些。全部採用法國橡木桶培養約十八個月。酒的調配和風格也相當波爾多，無論Crianza或Reserva都非常注重均衡及協調，風格高雅。

Dehesa de los Canónigos 1988年開始裝瓶上市，不過莊園的歷史相當久遠。70公頃的葡萄園大多位在河谷，也種植卡本內－蘇維濃和Albillo。酒的風格和釀造比較傳統，除了混釀白葡萄，也全部使用美國橡木桶進行培養。Reserva等級的酒款稱為Solideo，經二十四個月木桶培養，香氣非常豐富，多香料、熟果和毛皮，配上柔和均衡的細緻口感。非Reserva的正常酒款，經十五個月木桶培養，較年輕新鮮，也頗優雅。

▌PEÑAFIEL鎮

Peñafiel是斗羅河岸區內最知名的古鎮，位於高聳白色石灰岩壁上的十五世紀城堡Castillo de Peñafiel、鎮上的中世紀鬥牛廣場Plaza de Coso，以及多家烤羊腿餐廳是本地的觀光地標。城堡腳下的Proto是1927年即已創立、由合作社改成的大型老酒莊。酒的風格為本地傳統的代表，有較多的動物毛皮及木桶香氣，不過近年來也開始改用高比例的法國橡木桶，有更多乾淨的果味。

● Peñafiel村的城堡Castillo de Peñafiel及鬥牛廣場Plaza de Coso

村內的知名酒莊還包括Vega Sicilia所投資的Alión，Pesquera前釀酒師Teófilo Reyes所設立的Pago Reyes酒莊，1988年設立於鎮南邊、風格非常甜潤的Pago de Carraovejas，利奧哈Marqués de Vargas集團的Conde de San Cristóbal，以及2000年成立的Resalte de Peñafiel。另外，加泰隆尼亞的Torres也在鎮南邊的Fompedraza村內擁有海拔900公尺以上的葡萄園，2004年設立酒莊生產Celeste紅酒。同村還有Briego酒莊，圓潤的Fiel和強勁多澀的Infiel是最知名的兩款酒。鎮西邊的Quintanilla de Arriba 村境內則有由Mauro莊主與Javier Zaccagnini合作的Aalto酒莊。

不同於Vega Sicilia，Alión全部採用田帕尼優，並以向法國Radoux木桶廠特別訂製的法國橡木發酵酒槽釀製，每個價值100萬歐元，並極為奢侈地每五年更換一次。Xavier Ausás認為木製釀酒槽保溫佳，也可讓酒的單寧更細緻。Alión只產一款酒，雖然頗多木香，但香氣還是很多樣，且風格相當優雅。

141

Aalto簡潔現代的乾淨風格也非常迷人，顏色深黑，口感深厚但單寧細滑，一般款跟特別的PS都釀得很精確精緻。自有42公頃葡萄園除了酒莊附近的，也有來自Burgos省內的七十年老樹葡萄園。不過還有買進約60公頃的葡萄。

▋BURGOS省

一位知名酒莊的釀酒師告訴我，位在瓦拉多利省內的每家酒莊都買Burgos省產的葡萄釀造，因為比較濃厚多果味，但也許稍微粗獷些，不是那麼精細。不過卻很少瓦拉多利的酒莊承認這點，他們較常提到的是黃金三角說。Burgos的葡萄園多，分布廣而零散，只能列舉重要的酒莊介紹。

位在Pedrosa de Duero村的Pérez Pascuas酒莊於1980年創立，但已算是老牌的酒莊，由家族的多位成員共同經營。120公頃的葡萄園大多位在酒莊附近，除了田帕尼優，大約有10%的卡本內－蘇維濃。主要的廠牌為Viña Perdosa，Crianza和Reserva都相當穩定，是Burgos產的斗羅河岸最好的樣本。Pagos de los Capellanes也位在同村不遠處，莊主雖已移居巴塞隆納四十年，但跟同村的Rodero酒莊是同一家族堂兄弟；1996年創立，上百公頃全採新式種植，除了田帕尼優也種卡本內－蘇維濃和梅洛，比Pérez Pascuas的酒帶有更新潮的高雅風格。

Torres de Anguix酒莊位在Pedrosa村東鄰的Anguix村，較偏傳統風味，均衡但帶些粗獷。北鄰的Olmedillo de Roa村有Felix Solis集團的Pago del Rey。再往東的Gumiel de Mercado村有1983年創立的另一家老牌酒莊Valduero。除了極少量的Albillo釀成帶著熟果和花香的地區餐酒外，200公頃的葡萄園全部種田帕尼優。Crianza和Reserva木香都多，但柔化的單寧相當滑細。Reserva Premium經三年木桶，帶著更多皮革和香料香氣。十二年Gran Reserva經四年橡木桶培養，香氣更加豐富多變。在Toro產區也設有酒莊Valviadero，但風格較為粗獷。

●老牌酒莊Pérez Pascuas的橡木桶培養酒窖

往北到Sotillo de la Ribera村，已近產區極北
邊緣，村內有1989年創立、近年來相當受注意的
Félix Callejo酒莊。由葡萄農轉型的酒莊由家族
一起經營，有100公頃全為田帕尼優的葡萄園。
釀製相當認真，除了可口的粉紅酒Viña Pilar，
Crianza、Reserva和Gran Reserva都將單寧雕琢得
非常滑細，配上甜熟的果味，非常可口。

　　由Pedrosa de Duero村往南即為斗羅河岸邊的
Roa de Duero鎮。除了Alejandro Fernández所設立
的Contado de Haza，還有另一家精英酒莊López
Cristóbal。另外，小型精英廠Vizcarra位在下游

● Félix Callejo酒莊
Gran Reserva等級的
紅酒Gran Callejo

一點的Mambrilla de Castrejón村。只有35公頃的葡萄園，原為葡萄農，1991
年第二代Juan Carlos Vizcarra才開始建廠裝瓶，但已是Burgos區最佳酒莊之
一。年輕的Sendal del Oro採用較晚收的葡萄，運用乾冰進行多日低溫泡皮，
風格相當甜熟，同時有非常豐沛的成熟果香。以六十年田帕尼優老樹釀成
的Torralvo，濃厚多澀但包裹著甜美果味，卻又多酸均衡，非常典型的斗羅
河岸紅酒。混合一些格那希且相當優雅的Celia，以及添加梅洛的Inés都是在
400公升的橡木桶中發酵培養，有更緊滑細緻的單寧質地。

　　Roa鎮往西邊一點的Berlangas de Roa村內，有橫跨阿根廷與智利的O
Fournier集團在此設立酒莊。在更南邊的Adrada de Haza村有一家採用自然動
力種植法的小酒莊Adrada Ecológica。2003年才開始釀造，風格較粗獷多酸。
Soria省內的葡萄園及名莊都不多，由法國釀酒師Betrand Sourdais和西班牙經
銷商Miguel Sánchez合作成立的Dominio de Atauta酒莊是最知名的一家。位在
斗羅河岸最東邊、高海拔的寒冷區域釀造出相當特別的紅酒，一部分的葡萄
園甚至超過上千公尺。釀成的多款田帕尼優有充滿活力的彈性單寧和極高酸
味。不過2009年初被已擁有Viñas del Cénit、Viña Nora、Bodegas Naia、Mano
a Mano等名莊的Inveravante投資公司所買下。

143

多羅TORO

在西班牙文中，一般的公牛叫toro，鬥牛也是同一個字，不管是不是鬥牛迷，這是一個非常西班牙，陽剛到容不下半點溫柔，一聽就讓血液跟著沸騰起來的日常用字。

大寫的Toro是斗羅河畔頗具風韻的古城，位在北岸堆疊著紅色黏土和粗大鵝卵石的台地邊上。多羅鎮（Toro）也產紅酒，釀成的風格不負Toro之名，是全西班牙或甚至是整個西歐最雄壯威武、最macho（具男子氣概）的紅酒。在還沒去過Toro鎮前，我喝過了十多款的Toro紅酒，便宜一些的頗類似西班牙中部地區的濃重紅酒，但似乎越頂級昂貴的就越難入口，畢竟不是每個人都具有駕馭鬥牛的能力。這樣說似乎有點失敬，Toro是西班牙近十年來最受矚目的葡萄酒產區，蜂擁而至的投資者包括許多西、法的精英酒莊和釀酒師，這些酒大多顏色漆黑如墨，有著即使以西班牙標準來看都算非常高的酒精濃度，一般非加烈的葡萄酒14%已經算高，在Toro這邊，如果葡萄農一不注意，晚幾天採收，釀成的酒精度馬上攀升到17%，比許多人工添加酒精的加烈酒還要高。酒體濃厚到有如帶著咬勁，高含量的單寧澀味讓口水完全失去潤滑。

這些確實很驚人，但老實說，喝完一口後，想再喝第二口的欲望真的不高，跟大部分歐洲人一樣，我向來視葡萄酒為佐餐的飲料，濃厚至此，讓我不知買了這樣的酒可以做什麼用。總

● 多羅鎮上建於十二世紀的Colegiata de Santa María La Mayor教堂

144

之，這曾是讓我最難以理解的西班牙紅酒，直到我真的去了Toro古鎮小住兩周後。那是一個對極端大陸性氣候的身體體驗，當走進這個年雨量僅350公釐，冬寒夏熱，日夜溫差經常超過20℃，由貧瘠乾燥的卵石和黏土地所構建成的風景中，我開始理解為何田帕尼優（Tempranillo）在寒涼多石灰岩的利奧哈（Rioja）可以釀成優雅紅酒，在這裡卻是如此濃烈和粗獷，其實不過就是這片風景的寫照。

　　這裡的氣候比斗羅河岸（Ribera del Duero）更加極端，更加乾燥，葡萄的生長季也更炎熱。夏季午後葡萄園的溫度可能高達40℃，晚上卻可能低於20℃。Victoria Pariente是Román村前Dos Victorias酒莊的釀酒師，她說夏天晚上出門，一定要帶禦寒的衣服。我在6月底時確實體驗到這樣的夜間低溫，溫差越大越有利葡萄皮產生更多的酚類物質，許多Toro紅酒有黑不見底的顏色和巨量的單寧絕非偶然。Toro產區內滿覆著紅褐色的石灰質黏土及沙地，

145

最佳的葡萄園大多是由粗大的鵝卵石所堆積成的河積地，除了葡萄樹，幾乎寸草不生。大多的老樹葡萄園都沒有灌溉設備，生長環境相當艱難，但也是葡萄酒可以超濃縮的原因之一。本地的田帕尼優，稱為Tinta de Toro，是一個特別的別種，果串較大，單寧多且緊澀，同時糖度高。整體而言，比一般田帕尼優來得粗獷些，而且類似格那希（Garnacha），即使釀成不甜的紅酒也微有甜潤的口感。這個別種的特性更為Toro紅酒增添了粗獷氣。

傳統型的Toro紅酒又濃又烈，實在很難稱得上均衡可口，在歷史上一直扮演著為清淡葡萄酒「塑身」的角色，混入其他產區的紅酒中增添味道和顏色。近十多年來，美國成為全世界最重要的葡萄酒市場，超級濃縮的美式口味成為主流，口味轉變讓Toro紅酒原本的缺陷找到了未曾有的價值，特別是在外地來的釀酒師用新潮的技法將Toro紅酒雕磨得文明柔和一些之後。

本地葡萄酒業雖歷史悠久，但現在卻是新式酒莊林立，少有歷史傳承的氣氛。Bodegas Fariña是少數較有歷史的名廠，1942年成立，他們用七十年老樹釀成的Gran Colegiata Campus有相當典型、具重量感的Toro風味，但平價年輕的Colegiata卻又相當柔和且新鮮可口。年產上千萬瓶的合作社Viña Bajoz，1962年成立，是少數還能低價供應Toro紅酒的酒廠，現在也釀出頗具水準的頂級酒Gran Bajoz（現已成為Felix Solís集團的一部分）。不過Toro能有今日的名氣卻是靠1990年代的外來投資者建立起來的，老酒廠算是受益者。不過當時的計畫也都是在與老酒廠的合作下實驗成功的結晶。

西班牙地位最崇高的酒莊Vega Sicilia在1990年代中就開始在Toro進行創設新酒莊的計畫，買了上百公頃老樹葡萄園，但將近十年後，才在2004年推出第一瓶酒——2001年分的Pintia。雖然來得較早，但Pintia卻較晚出現在市場，主要的原因在於Vega Sicilia

● Vega Sicilia的Pintia和Maurodos的Viña San Román，是奠立新Toro紅酒聲譽的先鋒酒款

146

● 在Valdefinjas村有百年老樹葡萄園的Numanthia Termes酒莊

● 多羅區老廠Bodegas Fariña酒莊用七十年老樹釀成的Gran Colegiata Campus酒

堅持要在粗獷的Toro釀造出優雅的紅酒。若從此點來看，Pintia算是非常成功，是目前風格最高雅的Toro紅酒之一。他們位在San Román村的全新酒窖備有大型冷藏庫可以讓葡萄瞬間降溫，保持最新鮮的果香。由Vega Sicilia的前任釀酒師Mariano García創立的Maurodos也是新Toro紅酒的先鋒，他在參與Pintia的計畫時也開始Maurodos的想法，並在1997年分就已推出San Román紅酒，風格通常比Pintia更濃厚也更多桶味。

來自利奧哈的Eguren家族也在1998年成立Numanthia Termes酒莊，以號稱一百四十年無嫁接砧木的老樹釀造出Termanthia，成為Toro第一瓶100歐元以上的紅酒（此酒莊後已轉賣給法國的LVMH集團）。同年，法國波爾多的Lurton兄弟也從Rueda跨到Toro設廠，除了買老樹，也開始用新式的現代種植法，釀成的酒款酒精度相當高，也多木桶香氣。知名釀酒師Michel Rolland自己投資的Campo Eliseo也是與其合作，但風格更加極端，頗有巨獸之姿。Bernard Magrez的Paciencia也是出自Rolland之手。也是由法國人Antony Terryn創立的Dominio del Bendito，酒一樣濃厚但均衡一些。

釀酒師Telmo Rodríguez以自己的名字為廠牌，在西班牙各地與當地葡萄農合作，釀造出相當現代風格的葡萄酒，他在Toro釀的Pago de la Jara是最早

147

● Jacques François
Lurton酒莊的頂級酒
El Albar Excelencia

●Finca Sobreño酒莊的
Crianza紅酒

成功的代表作。Toro也吸引來自美國的投資者
Grant Stein，他的Estancia Piedra酒莊由特別喜愛
格那希的Inma Cañibano釀造，常在Tinta do Toro
中添加格那希釀出較細緻風格的La Garona和
Piedra Roja等紅酒。1990年代末到2000年初，投
資者近乎蜂擁而入，建立非常多的全新酒莊，
Palacios de Frontaura是最新近的投資之一，2006
年才開始建廠，但全新種植的上百公頃新式灌
溉葡萄園在2005年分就已釀成相當優雅、有細
緻單寧的Frontaura紅酒。

　　Toro在最近十年內因葡萄酒而受到注意，但這個位在斗羅河岸邊紅土高
坡上的千年古城，頗具古風，值得一遊。在卡斯提亞高原上，烤肉幾乎是
傳統餐廳的標準典範，Toro也不例外，看似粗獷卻非常美味的烤羔羊腿正是
Toro紅酒的最佳在地搭配。在別處，濃厚多酒精的Toro紅酒也許很難搭配佐
餐，但在本地的烤肉店卻似乎頗融合協調。

● 多羅舊城的Calle de la Antigua老街

BIERZO

如果說加泰隆尼亞（Catalunya）的普里奧拉紅酒（Priorat）讓世人重新認識了格那希（Garnacha）和Cariñena這兩個在西班牙地位頗低賤的品種，那麼卡斯提亞－萊昂（Castilla y León）的Bierzo產區，則向全世界

● 比卡斯提亞－萊昂其他地區多一點綠意的Bierzo，雖然晚至2000年代初期才起步，但現在卻儼然成為西班牙重要的經典產區

推介了門西亞（Mencía）這個對大部分人來說都很新奇的古老品種。當然，門西亞絕非從天而降。應該感謝的是，在西班牙酒業裡的許多邊緣角落，長年的固步自封和因循苟且，完全不知市場行銷、成本估算及釀酒科技為何物，才得以讓門西亞像世紀冰封一樣成為全新出土的西班牙珍貴品種。

西班牙葡萄酒作家Jose Peñin曾推斷門西亞就是原產於波爾多的卡本內－弗朗（Cabernet Franc），是法國的朝聖客前往Santiago de Compostella時路經Bierzo時留下來的；不過經過DNA比對，已確認跟葡萄牙Dão產區的Jaen是同一品種。門西亞在西班牙主要集中於西北部的加利西亞自治區（Galicia）和Léon省內。即使酸味不多，釀成的葡萄酒卻可保有均衡的新鮮果味。葡萄皮中的單寧多卻柔和，釀成的紅酒在年輕時就已順口好喝。不過在加利西亞的海岸區，因太過涼爽，比較難成熟，大多只能釀成清瘦多酸的風格，比較像是淡紅酒。

149

● Raúl Pérez是出生於Bierzo的當紅釀酒顧問，Estefanía酒莊也是由他釀造

由Raúl Pérez擔任釀酒顧問的Estefanía酒莊，把門西亞的風格定位成介於黑皮諾（Pinot Noir）與卡本內－弗朗之間。一開始很難理解意義何在，但在品嘗過數十款的Bierzo紅酒後，我發現門西亞確實有著雙重性格，有時有著黑皮諾般的黑櫻桃果香及絲綢般精巧的單寧口感，顏色淡、酒精低，有時卻又有著卡本內的青草、花香、石墨及礦石香氣，中等濃度的酒體有著天鵝絨般的質地，每家酒莊產的酒也大多落在這兩個風格之間。

無論是早喝的年輕酒款或是還在橡木桶內培養的久存型紅酒都一樣可口易飲。但即使這般早熟，門西亞卻又能經得起相當長時間的橡木桶培養，並時時保有新鮮果味。也許還需要更多的時間來證明門西亞的久存實力，但年輕的門西亞本身其實就已夠迷人了，那是一種非常可口易飲、卻又精巧有個性的難得品種。除了門西亞，Bierzo也種植一些白葡萄，如Palomino、Doña Blanca和在隔鄰的Valdeorras產區相當受矚目的Godello。後者近幾年開始被釀成帶著草味和果味、圓潤多酸的白酒。

不同於遼闊無際的卡斯提亞高原，Bierzo山勢多變，山區間少有寬廣的土地提供單一作物種植。4,000多公頃的葡萄園卻有九千多名葡萄農，大多從事雜耕，同時也種穀物、栗子和櫻桃等作物，比較接近自給自足的農耕生活，葡萄有一部分其實是為了自釀自飲。因缺乏釀酒設備和技術，本地有些農家會將採收後的門西亞葡萄去梗破皮後，直接放入木桶中發酵，然後用

● Palacios酒莊將Corullon村上百個自有葡萄園的酒混合成Villa Corullon

頁岩片將酒桶封住，完全沒有將葡萄皮與酒分開，要喝時直接從桶底的孔洞取酒，約六個月後喝完。而門西亞的特性也剛好符應這樣的釀法，即使泡皮很久也不會顯得特別粗獷難飲。

Bierzo位在溫和多雨的大西洋氣候與暴戾的大陸性氣候交界的盆地中。如果翻譯成葡萄酒的版圖，那會是介於清爽多酸的Rias Baixas白

酒與粗獷濃烈的Toro紅酒之間。氣候比加利西亞炎熱乾燥，但又比卡斯提亞潮濕溫和，沒有那麼極端，日夜溫差也小一些，較少春霜及秋霜的傷害。在較低海拔的地方葡萄發芽早，比卡斯提亞產區還要早熟。門西亞似乎非常適合這裡的環境，即使是近百年以上的老葡萄園，除了白葡萄，幾乎全部的黑葡萄種的都是門西亞。

　　葡萄園的海拔高度從盆地底的400多公尺上升到西邊及北邊的山區葡萄園，最高幾近900公尺，高低差距大，葡萄酒的風格因而受到影響。盆地底有肥沃的土壤，較少種植葡萄，北邊較高一點的丘陵地有許多含鐵質的砂質黏土，是Bierzo最常見的葡萄園土質，很容易就可生產柔和多果味的可口精巧紅酒。在高坡處有較多的頁岩，門西亞在這邊可以生產較多單寧也更高雅的紅酒。

　　Bierzo最西邊靠近Corullón村附近，因山勢較高，也較接近大西洋，氣候最為涼爽，因為地層變化的關係，跟隔鄰的Valdeorras產區一樣也有許多頁岩分布，可釀出另一種風格的Bierzo。Corullón過去因為葡萄比較晚熟，被認為是比較差的區域，但現在卻是全區的最精華區，有許多老葡萄園位在將近60%的陡坡上，耕作非常困難危險，產量更是微乎其微，但卻可釀成相當精采的世界級紅酒。

　　Alvaro Palacios和他的姪兒Ricardo Pérez-Palacios所創立的Descendientes de J. Palacios酒莊，其自有葡萄園大部分都位在這邊，且將酒莊的第一瓶酒以Corullón村為名。1999年的Corullón是Ricardo從1995來此後釀造的第一個年分。現在喝來依舊相當年輕，顏色深紅帶紫，保有著非常新鮮的果香。Ricardo說當時他們

● 位在Bierzo最西邊，頁岩陡坡上的Moncerbal葡萄園，常釀成帶礦石香氣、非常高雅多酸的紅酒

● 因為採用自然動力種植法耕作，也因為葡萄園太陡，Palacios酒莊的耕作完成倚靠驢和騾

● 由Raúl Pérez釀造的Castro Ventosa是一款新鮮多汁的年輕門西亞紅酒

相當擔憂成熟太快，橡木桶培養一年後就急著裝瓶了，但他們現在可以放心地將培養的時間延長到一年半或兩年。經過1999年試釀，2000年他們在Corullón村開始購買葡萄園。

第一年只買到3公頃，至今雖已累積到30公頃，卻分成零散的一百八十個地塊。酒莊實際由Ricardo負責種植和釀造，他非常相信自然動力種植法，這邊的葡萄園已全部施行，是西班牙少見的自然動力種植法的先峰。Ricardo甚至說服Alvaro Palacios將部分普里奧拉葡萄園改用此種植法種植。因為大部分的葡萄園都太陡，且沒有築成梯田，直接種於坡上，無法使用機器，必須靠馬和驢來耕作。釀造法也借助傳統，採用腳踩，以開放式的木槽手工釀造。

現在稱為Villa de Corullón的酒莊酒即是用自有葡萄園的酒混合而成。另外也釀造比較年輕早喝的Pétalos，添加80%買入的葡萄釀成，非常新鮮可口。在這眾多的小塊葡萄園間，即使相隔不遠，釀成的葡萄酒常有許多不同的性格。Ricardo仿效布根地的作法，將幾片他認為最特別、不該加入Villa Corullón的葡萄園單獨裝瓶。

雖都在村子附近，但這些葡萄園的位置和條件卻非常不同，La Faraona的海拔最高，達860公尺，葡萄相當老，有許多已死，且有一半種的是不太受歡迎的白葡萄Palomino，釀成的酒最強勁堅硬，有頗多單寧，也許也需最

多的時間熟成。Moncerbal位在朝西邊、有許多頁岩的急陡坡上，帶礦石香氣、非常高雅多酸的風格。St. Martín海拔較低，離村子較近，朝東的緩坡上有許多細石，是最早熟的葡萄園，較多熟果也較柔和豐潤。La Lama位在海拔730公尺多黏土質的山頂處，有濃厚堅實的特性。

除了Palacios，1987年成立的Castro Ventosa、1999年成立的Estefanía、Bodegas Peique和Pittacum，以及2000年成立的Dominio de Tares和Paixar，是Bierzo新一代的精英先峰，他們的成功也讓Bierzo從2002年時的二十五家酒莊在六年內暴增到五十五家之多。不過因為產區環境受限，葡萄園無法大幅增加，現仍僅約4,500公頃。

Castro Ventosa位在羅馬古城遺址的坡下，是西班牙知名釀酒顧問Raúl Pérez家族自兩百多年傳承下來的產業。在Valtuille de Abajo村附近擁有75公頃的葡萄園，其中包括五片根瘤芽蟲病肆虐前種的百年無嫁接老樹，因位在沙地上而能保存至今。自Raúl Pérez接手後，Castro Ventosa才開始裝瓶上市。最頂級的酒是採用無嫁接老樹釀成的Valtuille，El Castro de Valtuille是一般款，Castro Ventosa則是新鮮多汁的年輕門西亞。

● Estefanía酒莊產Pieros和Pago de Posada都稱得上全Bierzo產區風格最優雅的紅酒

位於Posada de Bierzo村的Estefanía酒莊也是由Raúl Pérez協助釀造。大部分酒款以Tilenus為名，即使是最普通的酒款風格都相當優雅。Estefanía擁有36公頃的葡萄園，其中包括一片位在600到800公尺之間、位於沙地的百年老樹葡萄園Pago de Piero，所釀成的Tilenus Pieros除了Raúl Pérez自己的酒，應該是全Bierzo最優雅精巧的一款。另一款Tilenus Pago de Posada採用八十到一百年的老樹，風格亦相當類似，甚至更為圓滑濃厚一些。

Bodegas Peique和Castro Ventosa位在同一村子，由Ribera del Duero的Conde de San Cristobal釀酒師，亦是在此村出生的Jorge Peque所創立。只有10公頃的葡萄園，但全是傳統種法。只產三款酒，風格較強勁，單寧更緊實，特別是頂級酒Seleccíon Familiar。1994年創立的Agribergidum，新建的酒窖位在Cacabelos西郊靠近Valtuille村附近。65公頃的葡萄園也位在鄰近的村子。生產許多相當平價的可口Bierzo，特別是Godello釀成的Castro Bergidum白酒，帶有花香、檸檬和礦石香氣，圓潤多酸非常可口。同名的門西亞紅酒圓潤柔和，有非常多新鮮果香。

153

● Paixar是Mariano García的兒子Eduardo所釀造的Bierzo紅酒

Dominio de Tares則位在產區極東邊San Roman de Bembibre村的工業區。20公頃自有並租了70公頃的葡萄園。以橡木桶釀造的Godello白酒有均衡的質地，但多燻烤香氣。年輕的Balto紅酒均衡柔和多青草味。另外較多老樹的Cepa Vieja跟混合六個最佳葡萄園的Bembibes都釀得相當好，甜熟果香配上礦石，濃厚多酸也多單寧，卻顯得可口柔和。P3則是採用編號P3的頁岩葡萄園所釀成，較為封閉，需要更多時間熟成。在Bierzo外，同集團還擁有Tierra de León的Dominio Dostares及Rias Baixas的Lusco do Miño兩家酒莊。

Mauro酒莊的Mariano García自從1987年就與Bierzo新設的酒莊Luna Beberide合作釀造葡萄酒，不過此酒莊主要以門西亞混合卡本內－蘇維濃（Cabernet Sauvignon）及梅洛（Merlot）等新種的葡萄為主，我喝過幾次其實頗具水準，不過實在不及其他酒莊100%的門西亞紅酒吸引人。2000年Mariano García的兒子Eduardo另外創立了釀造100%門西亞的Paixar酒莊。走的是相當濃且強勁的風格。

Bierzo讓我看到一個全新卻又蘊涵地方及傳統風味的葡萄酒風格在我眼前誕生。如此年輕的產區卻有不少酒款已展現了特別精巧細緻、西班牙未曾有過的優雅丰姿。西班牙有著太多的產區生產顏色深、酒精度高、濃厚多單寧的紅酒，但Bierzo似乎在此之外，還可給我們多一些優雅。

Bierzo最讓我著迷的地方在於這裡產的紅酒不僅精緻，也相當平易近人、淺顯易懂，從佐餐的角度來看，更是西班牙餐桌上最友善的葡萄酒，在最近幾年西班牙的旅行中，Bierzo取代了Crianza等級的利奧哈紅酒（Rioja），成為我在餐廳裡最常點的葡萄酒。Palacios的Pétalos、Agribergidum的Castro Bergidum、Estefanía的Tilenus，以及Tares的Baltos和Cepa Vieja，都是價格平實的佐餐高手。

卡斯提亞－拉曼恰
CASTILLA LA MANCHA

拉曼恰的風景，是一整片了無邊際、常顯荒蕪，

總是讓路過的訪客忍不住猛打瞌睡的紅土高原。

在此低緩起伏的土地上鋪滿了全世界最廣闊、70萬公頃的葡萄園，

也是全世界最大、最廉價，年產18億公升的葡萄酒倉。

在一成不變之中，

拉曼恰也開始有了一些轉折，變化出史無前例的全新風味。

卡斯提亞－拉曼恰
CASTILLA LA MANCHA

因為太常去安達魯西亞（Andalucía），拉曼恰（La Mancha）於是成為我在西班牙最常途經的地方之一。每回開車經過，那一望無際、常顯荒蕪的紅土高原，讓我總忍不住猛打瞌睡。拉曼恰似乎總是一個想要快速通過、但路又好像永無止盡般橫亙在眼前的地方。也許因為這個緣故，即使拉曼恰有全世界最多的葡萄園分布其上，還有西班牙知名的Manchego綿羊乳酪，以及產自Abacete的頂級番紅花，但還是很難讓我打起精神，一心只想著Fino雪莉酒在前方的安達魯西亞等著我。

這個廣及10萬平方公里的土地，葡萄似乎相當適應這裡夏季非常乾熱、冬季又極冷的極端環境。即使是相當粗放式的低密度種植，葡萄農都可輕易得到收成。西班牙平價餐廳的當日套餐大多免費供應半壺散裝的葡萄酒，喝的大多是拉曼恰產的。也許因為十多年前吃過太多這樣的套餐，腦海中對拉

● 這片遼闊粗獷的高原上，有70萬公頃的葡萄園，是全世界的葡萄酒倉

● 離首都馬德里不遠的Mentrida產區，土壤較為肥沃，大多釀成無太多個性的平凡葡萄酒

曼恰葡萄酒的印象，總停留在除了價格低廉或免費供應，實在沒太多非喝不可的理由。尤其是以Airén釀成的日常白酒，喝時平淡無酸，果香盡失，徒留氧化氣味。

所幸十多年來，現代化釀酒設備和技術的普及，以及改種其他品種，如Verdejo白葡萄和田帕尼優（Tempranillo；本地稱為Cencibel）、卡本內－蘇維濃（Cabernet Sauvignon）、希哈（Syrah）、小維鐸（Petit Verdot）等黑葡萄（不過Airén還是有數十萬公頃，仍然是最重要的品種）。幾年來，這裡到處都能釀出有著更多新鮮果味、相當可口的紅白葡萄酒，價格依然低廉，在超市不到2歐元就能買到一瓶。除了大眾日常酒款，在一些特殊的地方，現也釀出一些相當獨特的葡萄酒。至少，現在我知道卡斯提亞－拉曼恰（Castilla La Mancha）確實不只是一成不變的平坦高原，那些在A4公路上看不到的轉折變化，在近幾年的西班牙旅行中，總算可以親身體驗到另一面的拉曼恰。

卡斯提亞－拉曼恰自治區位在馬德里以南的廣闊高原，有70萬公頃的葡萄園，是西班牙甚至全世界的大酒倉，年產18億公升的葡萄酒。一望無際的葡萄園位在海拔500到1,000公尺間。這裡的氣候大陸性格很強，帶些地中海的影響，非常酷熱乾燥且多陽光。為了因應這樣的天氣，大部分的葡萄園還是以傳統的en vaso方式剪枝，種植密度很低，且低矮得幾乎貼近地面。葡萄樹像是一棵小樹一樣生長，藤蔓和葉子像洋傘般遮蔽葡萄，以免被太陽曬傷，這樣的種法只要根扎得夠深，無需灌溉就能維持水分的供給平衡。因

● 這家有1,000多公頃葡萄園的合作社 Nuestra Señora de la Cabeza。1959年成立，卻一直到2005年才以自己的廠牌裝瓶賣酒

為過於乾燥，採用新式樹籬式種植的葡萄園雖然種植密度可以提高，也可用機器採收，卻必須用人工灌溉。

傳統法種植的葡萄園單位公頃產量低，但卡斯提亞－拉曼恰卻還是生產了全國將近1/2的葡萄酒。在這樣的環境裡，釀成的葡萄酒酒精濃度高、酸度低，大多粗獷濃厚。雖然也有不少新的酒莊設立，但分布在各村鎮大大小小的釀酒合作社才是這裡最重要的酒業支柱，釀造數量非常龐大的葡萄酒，除了裝瓶銷售，更常整批賣給酒商或外銷到別的國家混合成廉價的餐酒。

卡斯提亞－拉曼恰自治區分為五個省分，全區產的地區餐酒稱為Vino de la Tierra de Castilla。東北邊的Guadalajara省自成一格，有新成立的Mondéjar DO產區，當地只有五家酒莊和1,000公頃的葡萄園，主要生產田帕尼優紅酒，不過從來沒機會品嘗，很有可能跟Cuenca省內新成立、只有六家酒廠的Uclès DO產區一樣，大多以Vino de la Tierra de Castilla銷售而很少掛上DO的名字。不過除了這兩個將來可能無酒可賣的DO，卡斯提亞－拉曼恰自治區裡還有包括La Mancha、Valdepeñas、Manchuela、Almansa、Ribera del Júcar和Méntrída等六個DO產區。

自從西班牙通過Vinos de Pago等級的葡萄酒，且將審核通過的工作交由自治區政府辦理後，卡斯提亞－拉曼恰就飛快搶先其他自治區通過。目前全西班牙七家單一酒莊的Vinos de Pago中，最早通過的四家都位在卡斯提亞－拉曼恰。分別是Albacete省的Finca Elez和Pago Guijoso、Ciudad Real省的Dehesa del Carrizal，以及Toledo省的Dominio de Valdepusa。另外唯一一家不在卡斯提亞－拉曼恰境內的，是那瓦拉自治區（Navarra）的Pago Señorío de Arínzano。關於Vinos de Pago，將另外於229頁專章討論。

▌拉曼恰LA MANCHA

　　包括Toledo、Ciudad Real、Albacete跟Cuenca四個省分，共同組成拉曼恰廣闊的平坦高原。全西班牙最大的La Mancha DO產區，將近20萬公頃的葡萄園就位在這片高原的正中心（如果加上非DO的葡萄園，區內其實有多達40萬公頃的葡萄園）。深處高原的中心，海拔較低，介於500到700公尺之間。土質主要為紅色的沙質黏土，有些地方多些石灰質。產區雖大，但同質性其實相當高。乾熱的氣候讓葡萄的種植無需太多照顧，20萬公頃的葡萄園卻只有兩萬名的葡萄農，跟利奧哈的葡萄農人數幾乎一樣，但利奧哈的葡萄園卻只有這裡的1/3。

　　區內的白葡萄品種除了Airén，還有Macabeo、夏多內（Chardonnay）、白蘇維濃（Sauvignon Blanc）和近年來頗流行的Verdejo等。黑葡萄主要是田帕尼優、格那希（Garnacha）和一些適合釀造粉紅酒的Moravia。外來的卡本內－蘇維濃、梅洛（Merlot）和希哈也日漸增多。小維鐸和Graciano也開始小量種植。

　　拉曼恰的釀酒合作社非常多，有很多還保留水泥製的tinaja，一種如巨型圓底陶瓶般的酒槽，用其來釀酒，不過很多酒廠也配備有非常多超大型的不鏽鋼酒槽。這裡的合作社大多是近幾年才開始將酒裝瓶上市，至今這裡產的葡萄酒大多直接裝進酒灌車，散裝賣給酒商。例如我曾拜訪過的，位在Pozoamargo的Nuestra Señora de la Cabeza合作社。1959年成立、有1,000多公頃的葡萄園，年產5百萬公升的葡萄酒，卻一直到2005年才以Casa Gualda為廠牌，開始經營瓶裝酒，主要生產柔和可口的田帕尼優，但銷量僅及全廠的1/10。位在Mota del Cuervo鎮的Santa Rita合作社較早開始裝瓶，以Varones為名，也有出產香氣頗豐富的Reserva和Gran Reserva等級紅酒。

●La Mancha產區原本主要生產以Airén釀成的干白酒，但現在有非常多的葡萄園已轉為生產紅酒

●Finca Antigua酒莊混合包括黑皮諾等八種品種的Clavis紅酒

159

這裡的私人酒莊比合作社更具野心，也不再依賴散裝酒。例如1970年代有Manzanares市的Vinícola de Castilla酒莊。2003年成立、由利奧哈的Martinez Bujanda家族投資的Finca Antigua更具企圖。1989年開始種植的葡萄園坐落在Cuenca省，Los Hinojosos村附近、海拔高達800多公尺的區域。480公頃的葡萄園全採新式種法，卡本內－蘇維濃占最多，也有梅洛、田帕尼優、小維鐸和表現非常好的希哈。有單一品種裝瓶，也有混合的Crianza和Reserva。大部分的酒都相當新鮮多酸，乾淨均衡，很簡潔現代的流行風格。所有的酒定價都在10歐元以下，除了頗奇特的Clavis，產自一片混合黑皮諾（Pinot Noir）在內的八種品種的實驗葡萄園，有相當複雜的香氣。

同年，Jorge Ordóñez和朋友合創了Mano a Mano酒莊，以田帕尼優釀成國際風格的精緻紅酒。現已由Interavante集團買下，成為一家規模更龐大、有500公頃葡萄園的酒莊，改為生產Vinos de la Tierra de Castilla。2005年Jorge Ordóñez另外創立Bodegas Volver，釀造類似風格的Paso a Paso紅酒和可口多香的Verdejo白酒。

VALDEPEÑAS

● Valdepeña產區的環境跟La Mancha類似，即使是老樹低產量釀成的葡萄酒，酒價也一樣相當便宜

位在Ciudad Real省最南邊的Valdepeñas有兩千年的釀酒歷史，是1964年就已建立的DO產區，比拉曼恰還早兩年。這裡的環境也是大陸性氣候配紅色沙質石灰黏土，但似乎更乾燥些；有20,000多公頃的葡萄園，也是西班牙的酒倉之一。過去也種植頗多Airén，除了釀造白酒也常混入田帕尼優當中釀成紅酒；現已大量改種黑葡萄，田帕尼優最多，也有一些格那希（Garnacha）和卡本內－蘇維濃。也許平均水準比

一般的拉曼恰好一點，價格也一樣低廉，過去在大眾市場頗受歡迎。

Valdepeñas除了散裝酒，大多為產量很大的商業酒款，也許具一定水準，但並沒有精英型的酒莊（Mano a Mano酒莊雖搬遷至此，但並不產Valdepeñas），也還沒有風格精緻的酒款出現。但價廉物美的日常酒倒是不少。例如年產1億公升、西班牙最大的釀酒集團Felix Solís以Viña Albali為名的一系列葡萄酒中，在當地從市價2.5歐元開始就可買到相當可口的Verdejo白酒、粉紅酒和紅酒。Valdepeñas最早是以早喝的年輕田帕尼優紅酒聞名，Viña Albali只放兩個月木桶的田帕尼優（Tempranillo）就是延續這樣的傳統，但更新鮮多汁，有著豐沛的果香。Felix Solís從1952年就建基在Valdepeña，現在包括鋁箔包的Vino de Mesa和高級的Ribera del Duero都有生產。除了年輕紅酒，Viña Albali也產許多款經橡木桶培養的紅酒，大多帶很多美國橡木桶味。Selección Privada系列的Reserva和Gran Reserva是釀得較精緻的兩款。

● Felix Solís以Viña Albali為名的系列葡萄酒除了年輕紅酒，也產許多款價格平實，經橡木桶培養的紅酒

MANCHUELA

Cuenca省東南邊有Ribera del Júcar和Manchuela兩個DO產區。前者較偏西，2003年才成立，是一個主要生產國際風格葡萄酒的產區，除了田帕尼優還種了很多卡本內－蘇維濃和梅洛，靠著本地極大的日夜溫差，釀造可與智利或阿根廷競爭價格和顏色的葡萄酒。

位在東邊的Manchuela則有些不同，因為幾乎與隔鄰的瓦倫西亞自治區（Valencia）緊貼在一起，無論是氣候、土壤、品種、酒的風格都與拉曼恰其他地方不同，是卡斯提亞－拉曼恰自治區眾多DO產區中最有趣的一個，不過這都是晚近才改變的格局，2000年才成為DO產區。是2000年創立的Altolandon和2001年成立的Finca Sandoval這兩家精英酒莊所釀成的獨特紅酒，改變了人們對Manchuela的看法。

雖然Manchuela DO產區只有4,000多公頃的葡萄園，但實際上區內葡萄園多達70,000公頃，只是大多用來釀造地區餐酒。這裡因海拔較高，有些葡萄園甚至達1,000公尺，可釀出較多酸味且清爽的白酒，紅酒也較新鮮活潑。因為地緣關係，與相鄰的Utiel-Requena一樣種有許多博巴爾（Bobal），大多釀成粉紅酒或年輕的紅酒。其他傳統的品種還包括田帕尼優、格那希、Monastrell及Garnacha Tintorera。不過外來品種如希哈、馬爾貝克（Malbec）、夏多內也都有種植，有些也釀出不錯的品質。

● Altolandon酒莊以100%馬爾貝克釀成的L'ame紅酒

● 以希哈為主的Finca Sandoval紅酒改變了許多人對Manchuela DO產區的看法

Finca Sandoval是葡萄酒作家兼el Mundo報社編輯Víctor de la Serna所創立的酒莊。1998年他在當地的石灰質黏土地首度種植了希哈葡萄，後來還添加一片格那希老樹葡萄園，以及位在1,000多公尺高的博巴爾葡萄園。他用木造酒槽小量釀造這些葡萄，混合成以希哈為主的Finca Sandoval紅酒。顏色深黑，有熟果礦石與高雅木香混合而成的香氣，酒體濃厚，單寧圓熟，風格相當新式。添加更多Garnacha Tintorera的Salia紅酒，顏色更加藍紫，新鮮可口，雖多澀味但很細緻。

Altolandon位在產區北部、海拔更高的Landete村，葡萄園高達海拔1,050公尺，採收季晚至10月中才開始。Altolandon的白酒以夏多內釀造，比較平凡一些，紅酒以希哈混合梅洛、卡本內－弗朗和格那希頗為濃郁豐盛。以100%馬爾貝克釀成的紅酒在西班牙很少見，帶著甜漿果和礦石草味的L'ame de Altolandon便成此中典範。

▋ 阿爾曼薩ALMANSA

位處Albecete省東端的阿爾曼薩（Almansa）也是不太典型的拉曼恰產區，跟隔鄰的胡米亞（Jumilla）和Yecla有許多相似的地方。氣候雖是極端的大陸

性氣候，但有更多地中海的影響，種植的品種主要是Garnacha Tintorera，其他還有Monastrell和田帕尼優。阿爾曼薩是西班牙種植最多Garnacha Tintorera的地方。此混血種跟格那希有親本關係，是法國人Henri Bouschet在十九世紀以其父培育成的Petit Bouschet和格那希雜交產生的新種。在法國稱為Alicante Bouschet。這個品種的汁是紫紅色，可釀成顏色非常深黑的葡萄酒，很適合用來混合顏色較淡的品種。不過因為口味較粗獷，很少單獨裝瓶。在阿爾曼薩常帶有石墨和草味，如果混合得宜，可增添特殊風味。不過，是否耐久，以及成熟後出現的金屬味，則讓人比較擔心。

● Garnacha Tintorera是有紫紅色汁液的雜交種

Bodegas Piqueras和釀酒合作社Santa Quitéria是本地較早裝瓶上市的先峰，前者以Castillo de Almansa為廠牌，只有年輕紅酒採用Garnacha Tintorera，其他經木桶熟成的都是田帕尼優和Monastrell等混合而成。後者是一家有2,500公頃葡萄園的合作社，以Tintoralba為廠牌，除了年輕的Garnacha Tintorera，也有經十八個月橡木桶培養的Crianza，似乎也頗保新鮮均衡。Bodegas Almanseñas在2003年才創立，是一家更具企圖心的酒莊，以釀造高級酒的方式來釀製Garnacha Tintorera。頂級酒Adaras至少證明此品種在熟成後不一定有金屬味的問題，而年輕的La Huella de Adara則有如冒著成熟桑椹香氣的黑色墨汁，相當有趣。同是2003年創立的Atalaya則採用Monastrell混1/2的Garnacha Tintorera，均衡且多礦石和黑漿果香氣。

● Santa Quiteria合作社產的分別以格那希和Garnacha Tintorera釀成的Higueruela和Tintoalba

Ribera del Guadiana

西班牙西部與葡萄牙交界的Extremadura自治區位在卡斯提亞－拉曼恰自治區的西邊。地廣人稀，氣候乾燥炎熱，有20,000多公頃的葡萄園。大多產白酒為主，主要以圓潤的Pardina、多酸的Cayentana Blanca和Macabeo等品種釀造，常釀成為簡單平淡風味的白酒。紅酒以田帕尼優和格那希為主，風格常顯粗獷，不是特別迷人。新近成立的Ribera del Guadiana是區內唯一的DO產區。

MÉNTRIDA

　　因為離首都馬德里（Madrid）近，Méntrida在1960年就已成為DO產區，不過也因為這個方便性，讓這裡產的葡萄酒在品質上一直沒太多進步。特別是那些種在肥沃河積平原區、由合作社大量釀成的廉價葡萄酒，實在很少有太多的個性。這裡最主要的品種是格那希（85%），不過很少釀出好的品質，較有趣的酒主要產自新成立的酒莊。

　　Arrayán酒莊於1999年成立，前往參觀有點像是去了一趟野生動物園。酒莊位在一片廣及17,000公頃的私人狩獵森林中，需要經過多道關卡，途經隨處可見麅鹿和野豬、長達數10公里的翁鬱森林。27公頃葡萄園種的是希哈、梅洛、卡本內－蘇維濃和小維鐸。早期的年分比較濃厚粗獷，但逐年變得更均衡細緻，仍不免有新世界酒風。小維鐸跟混合多種品種的Premium最讓人印象深刻。

● 位在Toledo古城旁的Viñedo Cigarral Santa María酒莊

　　西班牙古城Toledo雖不在產區內，但相隔不遠，城旁的Viñedo Cigarral Santa María酒莊也釀造頗有趣的葡萄酒。這家為城內知名餐廳Aldofo所投資的酒莊只有4公頃，種植田帕尼優、卡本內－蘇維濃和希哈。釀成的酒稱為Pago del Ama，雖為Vino de la Tierra de Castilla，但很特別，帶著毛皮和礦石香氣，喝來卻頗高雅多酸。

Vino de Madrid

　　馬德里是西班牙的首都，也自己成立一個自治區。在城市南邊有三個區域生產葡萄酒，共同成為Vino de Madrid DO產區。這裡紅白酒都產，主要種Malvar和Airén，以及一些Albillo。黑葡萄則大多用田帕尼優和格那希釀造，不過卡本內－蘇維濃跟希哈也開始增多。釀成的酒主要散裝供應馬德里市內銷量極大的酒吧和餐廳市場。

黎凡特 LEVANTE

西班牙東部的地中海岸稱為黎凡特，

因為氣候溫和、乾燥、全年陽光普照，成為經年擠滿遊客的海岸度假勝地。

即使這裡的葡萄園裡種著許多最晚熟的Monastrell葡萄，

但成熟的果實還是讓釀成的葡萄酒，

有如海岸邊上的連綿沙灘，閃著灼人的陽光熱力。

黎凡特 LEVANTE

● 乾燥多陽的Jumilla產區是Monastrell的天堂

對西班牙人來說，太陽升起（levantar）的地方正是伊比利半島的地中海岸，黎凡特（Levante）於是成為從加泰隆尼亞（Catalunya）以南到安達魯西亞（Andalucía）以北，整個地中海岸的名稱。這個區域有著典型的地中海氣候，溫和且非常乾燥，陽光也多，冬季亦然。於是跟南部的陽光海岸（Costa del Sol）一樣，成為全歐洲海岸度假觀光及地中海蔬果的大宗供應地。跟大部分地中海沿岸一樣，黎凡特也非常適合葡萄的生長，有多達12萬公頃的廣大葡萄園，著名專長的也以濃厚的紅酒為主，以及地中海西岸常見的蜜思嘉（Moscatel）加烈甜酒。

黎凡特只是一個地理區，主要由北邊的瓦倫西亞（Valencia）跟南邊的穆爾西亞（Murcía）兩個自治區組成。兩者雖相鄰，但在西班牙成為統一的國家前，卻分屬亞拉岡王國（Aragón）和卡斯提亞王國（Castilla）。在文化上也有些差別，與加泰隆尼亞語相似的瓦倫西亞語至今仍通行，卻不及於穆爾西亞。在經濟上，瓦倫西亞重要很多，由三個省組成，同名的首府還是西班牙第三大城。穆爾西亞則只有單單一個省，是一個較偏遠的角落。在葡萄酒的地圖上，兩個自治區也各有所長，會被合併成一個葡萄酒產區只因為鄰近。

瓦倫西亞自治區有三個主要產區，以Valencía為名的DO位在瓦倫西亞市西邊。即使對西班牙不太熟悉的人，也可能久聞瓦倫西亞之名，除了瓦倫西亞種的柳橙，如同義大利的pasta一般，西班牙最知名的菜色Paëlla正是源自瓦倫西亞，即使在外地餐廳的菜單上，也會標榜瓦倫西亞風味：Paëlla Valenciana。這種通常混合海鮮與雞肉的鐵鍋飯需添加蕃紅花調味和染色，味道及氣氛都與瓦倫西亞市附近出產的粉紅酒頗為相似，不過紅酒才是最具代表的酒種，但白酒的產量最多，主要用當地的Merseguera混合Macabeo等品種釀成年輕清爽、帶點草味的簡單白酒。

● 種植非常多博巴爾葡萄的Utiel-Requena產區

因為離海較近，氣候溫和些，也稍微潮濕點，日夜溫差較小，釀成的紅酒風格較柔和可口，主要採用田帕尼優（Tempranillo）、格那希（Garnacha）和Monastrell等傳統品種，近年來也添加卡本內－蘇維濃（Cabernet Sauvignon）和希哈（Syrah）。Vicente Gandía Pla是區內最大酒廠之一，年產千萬瓶以上，且大部分是針對外銷市場設計，是海外最常見的Valencía葡萄酒，釀成的紅酒也許無奇特之處，但價格大多相當低廉，在市場上1.8歐元起就可買到一瓶。Vicente Gandía Pla也有一些精緻有個性的紅酒，但卻是產自更內陸、海拔更高的Utiel-Requena。

位處瓦倫西亞內陸山區的Utiel-Requena已跟中部的卡斯提亞－拉曼恰自治區（Castilla La Mancha）交界，比海岸邊涼爽，也有更多大陸性氣候的影響。這邊有多達4萬多公頃的葡萄園，大多由合作社生產釀造，最大一家甚至釀造上萬公頃的葡萄。Utiel-Requena種植非常多的博巴爾葡萄（Bobal），這個原產自本地的品種定義了這個越來越受注意的產區，之後有專文討論。

瓦倫西亞的南邊是阿利坎特省（Alicante），與穆爾西亞相鄰，阿利坎特省的產區因廣及地中海岸和內陸，於是分成兩個完全不同的分區，內陸氣候接近大陸性氣候，釀成的葡萄酒風格較接近穆爾西亞的Yecla和胡米亞（Jumilla），近來這裡產的濃厚型紅酒受到更多注意，雖然過去生產相當

167

多平價、可口易飲的粉紅酒。海岸地區稱為La Marina，氣候溫和，雨也多些，主要生產傳統老式的葡萄酒，特別是充滿蜂蜜和熟果的蜜思嘉甜酒，以Moscatel de Alexandría品種釀成。此外，阿利坎特省也產更傳統老式的Fondillón甜紅酒。阿利坎特省雖僅有1萬多公頃的葡萄園，卻有其獨特之處，也將有專文討論。

穆爾西亞原以絲織業聞名，其名稱Murcía也源自桑樹，現今卻是西班牙最偏僻邊緣的地帶，如不是因為葡萄酒業，特別是本地出產在國際葡萄酒市場大受歡迎的濃厚紅酒，我想我應該不會來到穆爾西亞。這裡有胡米亞、Yecla和Bullas三個DO產區，不過所生產的葡萄酒風格卻相當類似，屬於非常南方、濃厚多酒精、帶著粗獷氣、以Monastrell葡萄為主釀成的葡萄酒。因風格特殊且符合現下流行，近來已成為西班牙在國際市場上的主流酒種之一。

● Bullas產區內的新酒莊Bodega Monastrell，頗出人意料地釀造出細緻風味的紅酒（Bodega Monastrell提供）

UTIEL-REQUENA

● Dominio de Aranleón酒莊以田帕尼優混合希哈及博巴爾釀成的Solo紅酒

我在香港中環的Ponti酒窖買到一瓶原本認為很冷門的一支酒，Aranleón酒莊產的2005 Solo紅酒。Aranleón是一家非常新的酒莊，Solo紅酒的第一個年分是2003，但是到2008年，這家位在西班牙東南部瓦倫希亞自治區的酒莊，翻修自1927年老酒窖的酒廠建築才剛剛舉辦落成典禮。這是現在許多西班牙先鋒酒莊蛻變的正常速度，酒廠還沒來得及蓋好，就已開始釀造出驚人的葡萄酒了。不得不回想起一年多前，在有如廢工廠的Aranleón酒窖品嘗的2004年分Solo，既新鮮可口又細緻優雅，確實讓人驚豔。

　　Aranleón所在的Utiel-Requena產區，在西班牙過去的名聲並不太好，現在即使釀酒水準已大幅提升，但其實之前的印象也還沒真的完全改觀。那裡產的紅酒價格通常極為低廉，散裝酒1公升賣不到幾角歐元。好一點的才裝瓶，每瓶零售價從1點多歐元起，可以賣到3到4歐元左右已算是中價位。Utiel-Requena的低賤身價主要肇因於博巴爾（Bobal），一個當地的原產葡萄品種。

　　博巴爾葡萄雖然顏色深，但較晚熟，甜度不高，很酸，香氣不太多，最讓人詬病的是口感常顯粗獷，帶咬口的單寧。釀成的紅酒清淡卻又粗獷，自然不會討人喜歡。如果釀造時不浸泡葡萄皮，只釀成簡單可口的粉紅酒，倒還算可口。跟許多西班牙曾經不受注意、最近卻接連釀出名釀的傳統品種一樣，博巴爾也是被誤解的葡萄品種。Bodegas Mustiquillo酒莊是第一家說服酒評家相信：看似品質不佳的博巴爾其實也可釀出世界級名釀。

169

● Utiel-Requena位處內陸山區跟卡斯提亞－拉曼恰交界，比海岸邊涼爽，也有更多大陸性氣候的影響

　　這家1999年創立的酒莊用65%博巴爾釀造成的Finca Terrerazo，就具有西班牙南部非常少見、極為細緻迷人的優雅風格。會有如此巨大的差別在於釀造這款酒的葡萄採自產量很低的老樹，且耐心等到10月中葡萄完全成熟才採收，選用的是產自高坡石灰岩區、風格特別細緻的博巴爾。跟Solo一樣，為了柔化博巴爾，Bodegas Mustiquillo酒莊也運用釀造白酒時常用的攪桶技術，在橡木桶培養時攪動桶中的酵母，讓它們自解成甜潤的甘油。Utiel-Requena過去的壞名聲讓Bodegas Mustiquillo不想在標籤上有這個名字，決定將所出產的酒都以較低等級的地區餐酒銷售，最頂級酒Quincha Corral則採用多達96%的博巴爾調配，非常嚴謹強勁，似乎具有非常長的久存潛力，不過還需時間證明。

● Bodegas Mustiquillo酒
莊採用高比例的博巴爾釀
造頂級酒Finca Terrerazo和
Quincha Corral，後者比例
甚至高達96%

● Mustiquillo酒莊主Toni Sarrión

Utiel-Requena的博巴爾過去之所以釀出過於酸澀的紅酒，在於產量過大，葡萄無法全然成熟。選用老樹產的葡萄再加上一些新的釀造技術，博巴爾就可如脫胎換骨般釀出史無前例的全新風格。現在區內的釀酒合作社已可供應高品質、價格卻非常低廉的紅酒，除了博巴爾也常混合卡本內－蘇維濃（Cabernet Sauvignon）、田帕尼優（Tempranillo）和格那希（Garnacha）等品種。供應國際市場平價西班牙酒的Vicente Gandía Pla在這裡也建有酒莊，雖以國際品種和田帕尼優為主，但旗艦酒款Generación I也一樣以70%的博巴爾調配而成。

● 顏色深、晚熟多
酸、單寧粗獷的博巴
爾葡萄

其實西班牙葡萄酒業在過去十年間，用著同樣的劇本，已不斷翻新了許多曾被棄如敝屣的傳統葡萄品種。Utiel-Requena的葡萄農將逐漸發現，他們可以引以為傲的，不是耗費資金辛苦引進的法國品種，最難得珍貴的，反而是他們葡萄園裡早該拔除，卻因葡萄酒滯銷欠缺資金，不得不一直留著的老邁博巴爾老樹。

阿利坎特 ALICANTE

172

阿利坎特省（Alicante）是瓦倫西亞自治區（Valencia）最南邊的一省。沿著地中海岸，一樣有著許多陽光海灘，是夏季海岸度假的集聚地之一。阿利坎特省是西班牙東南部各區中葡萄酒風格最多樣的地方。也許應分成兩個產區來看：海岸邊的La Marina地區及阿利坎特市西邊的內陸地區。

我在離阿利坎特市西邊不到50公里的Villena市待了兩星期。那裡屬於內陸地區的精華地帶，乾燥炎熱，日夜溫差大。西邊與穆爾西亞自治區（Murcía）的Yecla幾乎完全連在一起，開車一不留心就過了分界，葡萄園

也連成一片。往西北不到10公里就進入位在拉曼恰自治區（La Mancha）東端、種植很多Garnacha Tintorera的阿爾曼薩產區（Almansa）。受到比較多大陸性氣候的影響，Monastrell是最主要的品種，也有一些格那希（Garnacha）、田帕尼優（Tempranillo）跟Garnacha Tintorera。希哈（Syrah）跟波爾多的品種也都已釀出優秀的紅酒，不過Monastrell還是本地的明星。

在乾熱的環境中，看似很容易就種出品質極佳的葡萄，不過還是有許多風險。例如過於乾燥時，葡萄樹為了維持生命會停止成熟，有時甚至會吸取葡萄中的水分而讓葡萄中的糖分飆高。釀成的酒也許酒精度高，但可能因為葡萄失衡且未完全成熟而釀成極粗獷的紅酒。而Monastrell似乎較容易承受本地的乾熱環境。

Enrique Mendoza酒莊是阿利坎特最知名的代表酒莊，雖然位在海岸區，但很多葡萄園都在Villena附近。他們以100%Monastrell釀成的Estrecho紅酒在大部分的年分都相當均衡多酸，且有細緻的單寧。這是需要很聰明的葡萄園管理才能達到的目標。以75%卡本內－蘇維濃（Cabernet Sauvignon）釀成的Santa Rosa也許是Enrique Mendoza酒莊品質最優秀的紅酒，不過Estrecho可能更為獨特。

2000年才創立的Sierra Salinas酒莊，是由Yecla的Castraño酒莊所全新開創的計畫。獨立位在與Yecla交界、海拔較高的山谷中。葡萄園新舊都有，老式無灌溉的Monastrell老樹配合新種灌溉管理的卡本內－蘇維濃、Garnacha Tintorera和小維鐸（Petit Verdot），釀成的酒都相當均衡，也有細緻的單寧質地。Artadi的El Seque則位在更南邊的Pinoso，以Monastrell為主釀造相當濃縮風格的濃厚紅酒。

● Castaño家族在Alicante新開設的Sierra Salinas酒莊,位在與Yecla交界、海拔較高的山谷中

位在Monóvar的Primitivo Quiles酒莊則是另一個極端,是一家相當老式的酒莊,即使是年輕的紅酒都少有新鮮果味。有些甚至帶有如波特酒(Port)般的灰塵氣味,Reserva等級的Raspay倒是有迷人的陳年酒香。這家酒莊最精采的並不是干紅酒,而是本地特產的Fondillón甜紅酒。

這種阿利坎特特有的酒種是以非常晚採收的Monastrell葡萄釀造,糖分高且多香的葡萄,不需加烈即可釀成酒精度非常高的紅酒,常達16%以上,而且還會留下一些殘糖在酒中。因為相當濃,之後經得起相當長的橡木桶培養。此酒要視採收季後的天氣而定,不是每年都能生產,且傳統也不產單一年分的Fondillón,大多以類似雪莉酒(Sherry)的所雷亞混合法(Solera)混合而成。

例如Primitivo Quiles所出產的Fondillón Gran Reserva即是自1948年起建立的Solera。雖僅含5克殘糖,但喝來卻非常圓潤甜美。酒香以乾果系為主,帶葡萄乾、李子乾和核果香氣。也許類似Tawny波特,但糖分卻非常少,相當特別。Enrique Mendoza和Castaño等酒莊也都產甜紅酒,不過都屬於年輕顏色深、帶年輕莓果果醬風味、類似年分波特的濃厚風格。

海岸區則是另一種面貌,雖然老式許多,但不見得較不迷人。葡萄園主要位在阿利坎特市西北邊50公里外的地中海岸附近。因為海洋的調劑,日夜溫差和年溫差都小,氣候也較溫度潮濕些。以Moscatel de Alexandría這個蜜思嘉品種釀成的老式加烈甜白酒是本地特產,帶著蜂蜜、甜熟的水果及不是

很清新的蜜思嘉葡萄香氣。有些甚至可能顏色如深琥珀色，屬於帶焦糖和咖啡香氣的濃厚型加烈甜酒。

　　不過，La Marina地區卻也有跳脫傳統、更貼近現代口味的新式蜜思嘉甜酒。Gutiérrez de la Vega酒莊正是其中的代表。不同於大部分的La Marina，此酒莊位在比較內陸、海拔較高的Parcent村。在那裡，蜜思嘉比較容易保留新鮮的花香和青草香氣。他們以Casta Diva為名的蜜思嘉多達六款，各有不同特色，卻都非常精采。例如以提早採收的葡萄經自然風乾後釀成的Esencial，只有10%的酒精度，新鮮的花和橙皮香氣配上很細緻均衡的酸甜口感，如此可口新鮮的蜜思嘉甜酒為生平僅見。Cosecha Miel雖更濃甜也更多香，但一樣均衡多酸，仍保有清新，相當難得。Gutiérrez de la Vega也產Fondillón，但也比較新派，有較多的巧克力、葡萄乾和李子乾香氣，但少一些陳年的滋味。

●Fondillón是Alicante產區最獨特的葡萄酒

●Gutiérrez de la Vega酒莊釀出非常多種精采風格的蜜思嘉甜酒

穆爾西亞MURCÍA

● 如果沒有人工灌溉，Jumilla產區除了Monastrell，幾乎無法種植其他品種

在法國，慕維得爾（Mourvèdre）是一種非常粗獷風味的品種，經常帶著動物毛皮的氣味，除了優雅一些的牛皮沙發香氣，更常有的是像有一點霉壞了的貂皮大衣。幾乎是所有品種中最晚熟的，常在10月後採收，如果在冬季到來前無法完全成熟，釀成的酒會非常澀，年輕時單寧甚至會有點咬口，但也因此非常適合過於乾熱的環境，可釀成非常濃厚的紅酒。

● Murcía自治區境內包括Jumilla在內的三個產區,主要生產的,都是Monastrell釀成的紅酒

● 非常晚熟的Monastrell在炎熱乾燥的Murcía常能釀出豐厚成熟的可口紅酒

　　慕維得爾在法國南部許多產區都頗為常見,但大多當配角,混合進格那希(Garnacha)和希哈(Syrah)等品種裡,讓酒多一點粗獷和力道,但加多了,常常要壞了酒的優雅及細膩風味。在普羅旺斯(Provence)的Bandol產區裡,Domaine Tempier酒莊產的Cabassaou紅酒,採用超過95%慕維得爾釀造,是我喝過法國紅酒中含量最多的,這款頗稀有的名酒喝起來,說實在的,還真有點難以入口,不過確實也極為特別,就看你對受虐的愛有多深了。

　　對法國人來說,慕維得爾是法國品種,且在法國的地中海沿岸與格那希、希哈等品種共同組成法式的隆河經典混合,在澳洲越來越常見的G.S.M.或S.G.M.,指的就是這隆河三劍客所混合成的紅酒。不過這裡的M並不是Mourvèdre,而是Mataró,澳洲對慕維得爾的別稱,跟巴塞隆納北邊的一個港口同名;慕維得爾可能從這裡出發被帶往澳洲而留下這樣的名字,這也暗示這個品種的原產地其實是西班牙,不過卻是來自更炎熱、更乾

177

●Casa Castillo酒莊莊主Jose-Maria Vincente

燥，讓晚熟的慕維得爾可極輕易全然成熟，或甚至過熟的穆爾西亞自治區（Murcía）。在那裡，慕維得爾的原名叫作Monastrell。

穆爾西亞雖位在西班牙東南部，濱臨地中海岸，但葡萄園卻都位在比較內陸、較靠近拉曼恰自治區（La Mancha）那一邊，氣候顯得比較像極端一些的大陸性氣候，而且是極乾燥、近似沙漠的那種。如果說阿利坎特的內陸地區已離海頗遠，穆爾西亞的主要產區大多比阿利坎特的葡萄園還要更深處內陸，釀成的酒也自然顯現出更強烈的風格，而且這裡的葡萄園幾乎全是Monastrell的天下，近90%都種植這個本地原產、讓穆爾西亞得以受國際注意的珍貴品種。

胡米亞（Jumilla）是穆爾西亞最重要也是最內陸的葡萄酒產區，3萬公頃的葡萄園，超過2萬5千公頃以上是Monastrell。因地形阻隔，極乾燥多陽，年雨量僅280公釐，一望無際的紅土看來有如沙漠一般，感覺好像到了

澳洲的內陸沙漠，不同的是這邊卻種滿了能夠承受乾旱及高溫的Monastrell。Casa Castillo酒莊莊主Jose-Maria Vincente說，這裡種這麼多Monastrell完全是因為沒有灌溉其他品種很難存活，人工灌溉只是新進的設備，他的葡萄園完全沒有裝設。

在這樣的風景裡，Monastrell卻長出跟我們在別處所認識、完全不同的風格，或者應該說，讓我們學到它的原本面貌。Jose-Maria甚至認為法國的慕維

●產自一片滿覆卵石地葡萄園的Las Gravas紅酒混合了卡本內－蘇維濃、Monastrell和希哈

得爾的動物毛皮香氣可能只是因為培養的木桶感染Brettanomyces而造成的。我喝過的七十多款當地紅酒大多都以Monastrell為主，其中甚至有不少是採用100%釀成，但幾乎沒有任何一瓶帶著動物毛皮的氣味，更別說那發黴的皮草味了，相反地，卻大多有著非常迷人的甜熟漿果，有些甚至帶著花香。酒精度大多超過14%，口感頗濃厚豐滿卻不澀口，有著巧克力般的單寧質地。

在胡米亞地區，大多都是貧瘠的紅色泥灰質土壤，有些混合較多沙質，釀成的Monastrell顏色較淺，但卻有較多的單寧澀味。如果含較多石灰質，則能有顏色深、更多果味的表現。

現在胡米亞最具代表的酒莊是1991年創設的Julia Roch e Hijos，相較於非常新式的Casa de La Ermita和Bodegas Luzón，帶著更多傳統的精神，也更多對土地和品種的尊重。最精采的酒款為用百年Monastrell老樹釀成的Pie Franco，出乎意料地精巧多變、細緻高雅。另外混合品種的Las Gravas紅酒，甚至以100%希哈釀的Valtosa都非常豐滿新鮮。Casa de La Ermita所釀造的小維鐸（Petit Verdot）也證明這個波爾多品種在乾燥炎熱的胡米亞，可釀成顏色深黑、帶著奇異香氣的濃厚紅酒。

● Pie Franco和Las Gravas是Casa Castillo最具代表的兩瓶酒

另外，同樣由Orowines集團釀造的Juan Gil和El Nido兩家酒莊在2003年才新成立，除了老樹也新種籬笆式、具灌溉系統的葡萄園。Juan Gil全以100%Monastrell釀造，酒的風格非常現代，顏色深紫，香氣奔放，單寧甜熟，口感濃厚卻多酸均衡，頗有南澳風味。El Nido則是以卡本內－蘇維濃（Cabernet Sauvignon）為主，只混合一些Monastrell釀成，是目前西班牙東南部最昂價的葡萄酒，也許較少地方風味，但卻是相當高雅多變的精采紅酒，年輕時品嘗即已相當可口。

● 產自Jumilla產區的El Nido是西班牙東
南部最昂價的葡萄酒，不過，是一瓶以
卡本內－蘇維濃為主釀成的紅酒

　　自然條件近似胡米亞的Yecla有7,000公頃的葡萄園，介於阿利坎特與
胡米亞之間，也是一個主要種植Monastrell的地方。因為產區裡的Bodegas
Castaño酒莊，Yecla在海外有頗高知名度，大多銷往海外。Castaño成功的關
鍵在於精確使用釀造的技術；如葡萄採收後的溫度控制，在此炎熱地區保
留住Monastrell的新鮮果味；生產出極可口、卻非常平價的優質紅酒。例如
一般的Monastrell、Hécula和Colección等都相當值得，也讓全球許多酒商對
Yecla留下物美價廉的印象。現在連最重要的釀酒合作社La Purísma近年來釀
酒技術也已提升，大量供應國際市場所需的濃厚、廉價又美味的葡萄酒。

　　相較起來，只有2,000多公頃葡萄園的Bullas產區，是西班牙東南部最偏
南邊，也最不受注意的葡萄酒產區。這裡也一樣種植許多Monastrell，也一
樣主要由釀酒合作社主導。氣候雖然也一樣乾燥炎熱，但西部海拔較高，葡
萄園可達800甚至近1,000公尺，可釀出較清爽均衡的Monastrell紅酒。例如位
在Aceniche山谷的Bodegas Monastrell酒莊，釀成的紅酒自然多酸，且風格優
雅，為少見的精巧型Monastrell。

安達魯西亞 ANDALUCÍA

身處西歐最南端的安達魯西亞，

是全西班牙失業率最高、最貧窮也最老式過時的地方，

但看似滿布塵埃的安達魯西亞，卻生活著最歡樂也最有生命力的人民。

僅只是一杯清新爽口的Fino雪莉酒，

一盤現切的伊比利生火腿，

一段佛朗明哥（Flamenco）激切炙痛的哀唱，

或是一杯辛口卻沁涼的Gazpacho涼湯，

都會讓人相信這是個遺世獨立的樂土，

有著與別處不同的韻律和節奏。

安達魯西亞
ANDALUCÍA

關於安達魯西亞（Andalucía），我總是急切地有許多話想說。似乎有股媚惑的力量纏繞著我對安達魯西亞的思緒，讓我對這裡產的葡萄酒萬分著迷。即使以西班牙的標準來看，安達魯西亞都稱得上是全世界最老式過時的葡萄酒產區之一。在我們這個時代，流行風尚常可直接譯成快速流轉的消費需求，老式過時也許應該是一種更珍貴難得的優點。

對我而言，西班牙最迷人的地方不是古根漢美術館（The Solomon R. Guggenheim Museum）也不是El Bulli餐廳，更不會是Pingus，而是在其沾滿最多灰塵的那一面。即使真的過時了，但我所熱愛的安達魯西亞卻總是從塵埃中展現驚人的生命力，且透顯著生動靈巧的優雅風格。正因為是過時了，雪莉酒（Sherry）、馬拉加酒（Màlaga）和Montilla-Moriles（DO產區）這些風光不再的安達魯西亞葡萄酒，才有了更多時間的景深，得以如時光膠囊般成為西班牙葡萄酒世界裡，最斑駁、最瑰麗，卻也最被遺忘的縮影。

作為葡萄酒產區，安達魯西亞存在著許多的矛盾。位在西班牙最南端，與北非只隔14公里寬的直布

在安達魯西亞的老式酒吧裡，有時連高腳杯都沒有，葡萄酒直接從老舊蒙塵的橡木桶流進杯裡。這不是黑啤酒，而是全西班牙最濃甜的PX加烈甜酒

● 混合著阿拉伯風的安達魯西亞和這裡產的雪莉酒一樣，都充滿著迷人的異國情調

● 雪莉酒業的核心不只在於葡萄園及釀造技術，而且是迴盪在酒窖間的大西洋海風

羅陀海峽（Strait of Gibraltar），安達魯西亞是歐洲距離非洲最近的地方。在氣候上也是如此，乾燥、炎熱且豔陽高照，在首府塞維爾（Sevilla），夏季高溫可達48℃。這樣的環境要能釀出細緻風味的紅葡萄酒幾乎已不可能，而清爽多酸的白酒更是難上加難。但即便條件如此嚴苛，但安達魯西亞還是得以因細緻風味的干白酒而聞名全球。涼爽的大西洋海風、特殊的土壤及獨一無二的釀造跟培養法都是重要的關鍵，缺一不可。而這也讓安達魯西亞這些老式干白酒顯得更稀有難得，或者，更像是自然和上天送給世人的意外禮物。

　　安達魯西亞有四個主要的葡萄酒產區，全都以生產白酒為主。最知名的是位在Cádiz省內、瓜達幾維河（Rio Guadalquivir）出海口南岸，名氣僅次於利奧哈（Rioja）的雪莉酒產區。10,000公頃的葡萄園位在赫雷斯市（Jerez de la Frontera）的四周，在西班牙，雪莉酒就是以Jerez為名，英文稱Sherry則是源自赫雷斯市過去的阿拉伯名Sherish。在雪莉酒區，帕羅米諾葡萄（Palomino）是最主要的品種，種植在坡頂常分布Albariza白色石灰質土的和緩山丘上。這裡的雪莉酒商運用各種不同培養法及獨特的Solera混合法，讓這個不太有個性的平凡品種可以釀製成非常多樣的加烈白酒。例如輕巧爽口、帶著杏仁和海水味的Fino。或如深褐顏色、口感濃厚、帶著焦糖和咖啡香氣的Oloroso。很難三言兩語就說清楚雪莉酒的獨特之處，後文將有專章討論。

183

● Montilla-Moriles產區的葡萄農正在為 Pedro Ximénez葡萄整枝，這裡的葡萄可以釀成全西班牙最濃縮的葡萄酒

　　與雪莉酒產區隔著瓜達幾維河相望的，是與葡萄牙交界的韋爾瓦省（Huelva）。知名的Jabugo伊比利生火腿（Jamón Ibérico）產區就位在這個省內的Aracena山區。而葡萄園卻也跟雪莉酒一樣，種在較靠近大西洋的海岸邊。有獨立的DO產區，稱為Condado de Huelva。因氣候條件近似，這裡也生產類似雪莉酒的Fino、Oloroso等各色酒款，不過種植的品種卻不相同，大多是別處很少見的Zalema。相較於帕羅米諾，此品種產量高，但酸味和糖分都較低，非常容易氧化，頗適合用來釀造需經漫長氧化培養的Oloroso型加烈酒，口感較不及Oloroso雪莉酒那麼豐厚。

　　Zalema也釀成非加烈的干白酒，通常非常簡單，清淡低酒精，須趕早喝完。但如果控制產量，運用低溫發酵，也能有頗特殊的花草系香氣。這裡有4,000多公頃的葡萄園，有一半以上交由Privilegio del Condado釀酒合作社釀造。加烈酒以Misterio為廠牌，以Oloroso釀得最好。非加烈的葡萄酒以Mioro為名，大多非常簡單清淡。甚至也產柔和順口的希哈紅酒（Syrah）。

　　沿著瓜達幾維河回溯往上游約70公里即達塞維爾市，續往東上朔100多公里後到達哥多華市（Córdoba），城南的山間丘陵地即為Montilla-Moriles DO產區。這裡距離大西洋岸已達180公里，氣候更加炎熱乾燥，近7,000公頃的葡萄園種植最多極耐乾熱的Pedro Ximénez葡萄。這裡的酒商運用這個甜度

特高、風格粗獷的品種釀製成類似雪莉的多樣酒款。不過最獨特的卻是這裡產的超濃縮甜酒。用在安達魯西亞豔陽下日曬成乾的Pedro Ximénez葡萄釀成顏色深黑、濃稠如膏，全世界最為濃縮的加烈甜白酒。如此奇酒於後也有專章介紹。

●Antiqua Casa de Guardia創立於1840年，在馬拉加Alameda大道上設有老式的自營酒吧

由哥多華市往南130公里，穿過上1,000公尺的成片山區，即可到達位在地中海岸邊的馬拉加市（Málaga）。此城自羅馬時期就已經以甜酒聞名，現在還是，特別是以蜜思嘉葡萄（Moscatel）釀成的陳年甜酒最為知名，不過喝的人已經不多，除了製成甜酒，這裡手工日曬的蜜思嘉葡萄乾也非常知名。近幾年出現了一些現代版本，新鮮香濃的馬拉加甜酒讓甜酒的愛好者對此產區燃起新的興趣。除了甜酒，在海拔較高的山區也開始有酒莊種植包括黑皮諾（Pinot Noir）在內的外來品種，釀成非加烈的干型酒。這類酒稱為Sierra de Málaga，讓馬拉加的葡萄酒風格變得新舊雜陳且非常多樣。因為多山臨海、地形狹隘，馬拉加的葡萄園面積並不多，只有1,000多公頃，卻頗特別，於後有一小章節專門討論。

●馬拉加東邊，以產手工曬製蜜思嘉葡萄乾和甜白酒聞名的Tejeda山區

馬拉加的東邊為格瑞那達（Granada），山勢更加高聳，伊比利半島（Iberia）最高峰，海拔3,478公尺的內華達山（Sierra Nevada）橫亙其間。這邊的氣候因為海拔的高度，出現安達魯西亞少見的清涼，更適合釀造非加烈的葡萄酒。不過因地形陡峭，葡萄園不多，大多是微小型的酒莊，釀造從卡本內－蘇維濃到Viognier等各色紅白酒。還沒有成立DO，只是地區餐酒（2009年底Granada升格為Vino de Calidad）。釀得精細的酒莊不多，Ramón Saavedra是其中少數一家，有頗成功的黑皮諾。

雪莉酒
JEREZ / XÉRÈS / SHERRY

如果你對於terroir（或可譯為風土條件）與葡萄酒風味的關聯有著許多的懷疑，也許雪莉酒正是認識terroir這個法國概念最真切的典範。雪莉酒是我最喜愛的葡萄酒之一，但我必須試著用冷靜的方式來談這個西班牙最偉大也最珍貴的葡萄酒產區。因為這是漫長且充滿細節的精采故事。

▌雪莉葡萄園

雪莉酒產區位在安達魯西亞自治區（Andalucía）位置最南邊、離非洲只有10幾公里的Cádiz省內，葡萄園全部集中在最西邊，濱臨大西洋岸，一片非常低緩的白色圓丘區。面積不是很大，只有10,000公頃的葡萄園。赫雷斯市（Jerez de la Frontera；簡稱Jerez）是這裡的中心城市，有最多的酒商集聚在城內。雪莉酒的西班牙名Jerez及法文名Xérès即是以此城為名。城的東南邊約14公里即達大西洋岸，有一港口城市El Puerto de Santa Maria（簡稱El Puerto），

●生產雪莉酒的最精華葡萄園裡，都含有非常多的Albariza白色石灰質土。（El Consejo Regulador del Jerez-Xérès-Sherry提供）

曾是雪莉酒的輸出港，城內也有些雪莉酒商。赫雷斯市往東邊約22公里可達瓜達幾維河（Rio Guadalquivir）的出海口。在河海交會處的瓜達幾維河南岸有一舊港市Sanlúcar de Barrameda（簡稱Sanlúcar），因為臨河面海，交通便利，曾經酒商雲集。也因大西洋爽涼潮濕的海風直撲而來，可以培養出風味更為特殊的雪莉酒。

　　雪莉酒最精華的葡萄園就位在這三個城市之間的三角形地帶。一來因為
有本地稱為Poniente的大西洋西風的吹拂，氣候較涼爽濕潤也較溫和，讓葡
萄的生長季可以長一點，也能保有較多的酸味。不過更關鍵的地方卻是在土
壤。在冬季時沿著新建的A480公路從Jerez開往Sanlúcar的路上，兩旁和緩起
伏的圓丘上滿布著葡萄園，已經落葉的葡萄樹間露出淺灰帶褐紅的土地，但
越往圓丘頂上顏色越是純白閃亮，這正是含有非常多碳酸鈣的白色石灰質土
Albariza，是釀造雪莉酒的最佳土壤。

　　Albariza最多的地區就是在赫雷斯市西邊及西北邊的這一整片丘陵地。
Albariza是一種質地非常均勻細密的土質，有很好的含水性，遇水時相當濕
滑，不過曬乾後卻又變得非常緊密。這個特性很巧妙地與本地的氣候相結
合，成就了雪莉酒業能在歐洲最南端釀造葡萄酒的傳奇。在多雨的春天，
Albariza土壤中飽含了許多水分，到了夏天，火熱的太陽將Albariza的表層曬
成均勻、沒有裂縫的硬殼，白色的外表反射幅射熱，也讓表土下的土壤保持
潮濕和涼爽。

　　在圓丘之間的土壤顏色偏灰褐色，稱為Barro，也是遇水濕滑、乾燥時
呈硬塊的土壤，非常適合本地的氣候。不過Barro的石灰較少，也較肥沃一

187

● 雪莉產區的葡萄園，約分成一百五十片各有特性的葡萄園

些，種在這樣土質的葡萄產量大，但釀成的葡萄酒比較粗獷。此外，也有些砂質地用來種植葡萄，不過品質大多不佳，僅有一小部分葡萄園屬於此土壤，且主要位於海岸邊Chipiona附近用來種植蜜思嘉葡萄（Moscatel）。在雪莉酒產區中，大約分成一百五十片單一葡萄園，在雪莉酒商間都各有特性及價值，例如釀造一種稱為Manzanilla雪莉酒最知名的Torrebreba和Miraflores葡萄園；或是釀造稱為Fino類型雪莉酒的名園Balbaina、Añina和Los Tercio葡萄園；以及釀造Oloroso類型雪莉酒的名園Carrascal和Amoroso葡萄園。不過這些葡萄園名很少為外人所知，也不會釀成單一葡萄園的雪莉酒。較佳的葡萄園被列為Jerez Superior，約占80%，其他較差的等級則稱為Zona。

這裡的葡萄園大部分種的都是帕羅米諾（Palomino），比例將近100%。不過本地的帕羅米諾存在許多別種，Palomino de Jerez歷史較久，不過現在大多種植品質較佳、較細緻的Palomino fino。即使是後者，帕羅米諾都很難稱為一個優異的葡萄品種。果粒頗大，自然成熟時釀成的白酒酸味不高，雖有些果香，但頗中性，有時帶些杏仁核或青草香氣。

● Palomino有相當多的別種，其中以Palomino Fino風格最為細緻

PALOMINO FINO

雪莉酒是加烈酒，且關鍵在培養，所以帕羅米諾的缺點反而是優點。雪莉酒的基酒講究清淡乾淨，所以採收時間相當早，大多到達11%的成熟度時就可開採，那時葡萄都還能維持均衡的酸味。獨特而漫長的橡木桶培養過程會讓雪莉酒變化出非常特殊的香氣，基酒香味中性也反而是優點。有些雪莉酒廠也產一些帕羅米諾釀成的干白酒，不過也僅是簡單易飲的日常白酒，完全及不上釀成雪莉酒後的精采多樣。

雪莉酒產區也產以Pedro Ximénez葡萄釀成的甜酒，因為黑色超濃縮的驚人濃度，近來頗受歡迎，產量也比過去增多一些。雪莉酒產區的氣候太潮濕，不適合耐乾熱的Pedro

Ximénez，必須種在比較內陸的區域。雪莉酒公會現在也允許自100多公里外的Montilla-Moriles產區引進一部分Pedro Ximénez葡萄汁釀造雪莉酒，算是一個變通的方法。雪莉酒產區也種植一些釀造甜酒用的蜜思嘉，不過現在已非常少見，主要種在靠海的沙地區。

▌雪莉酒的釀造：從葡萄到葡萄酒

　　當葡萄農完成採收後，通常馬上在葡萄園附近進行榨汁，然後運到城內釀成干白酒。榨汁時依據壓力的大小所得的葡萄汁分為Primera Yema（第一道原汁）和Segunda Yema（第二道原汁），前者壓力較小，汁較清淡，比較適合釀造Fino類型的雪莉酒，約占65％。後者只有23％，因壓力大，較濃厚，但也較粗獷，最適合釀造Oloroso類型的雪莉酒。

● 採收季後，Jerez城裡的酒吧就開始供應新釀成的雪莉基酒Mosto

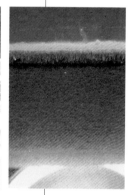
● 如鮮奶油般漂浮在雪莉酒表面的flor，是一種長在葡萄酒表面的酵母菌

　　傳統的雪莉酒是在橡木桶中發酵，而且常用全新的木桶。在雪莉酒產區，陳年過程必須在老桶中進行，所以老桶一般比新桶還珍貴。用新桶釀造主要是為了要靠新酒將桶內的木頭香氣和單寧清洗掉以利老酒陳年。一般新桶至少需要經過十年以上的使用期，才能用來陳年風格最細緻的Fino雪莉酒。雪莉酒採用的木桶較大，容量為500公升，全都用美國橡木製造。不過酒精發酵現在大部分都改在不鏽鋼桶內進行，但還是有像Valdespino酒莊有一部分在橡木桶中進行發酵。

　　發酵完成後一年內的酒都叫作mosto，這種年輕新釀成的干白酒從10月起就可以在Jerez城內的酒吧中喝到。第一次喝時我以為會是甜的，因為在西班牙其他地方mosto指的是未發酵或正發酵中的葡萄汁，不過在雪莉酒區卻是指年輕的酒，且不帶甜味。酒精度低、少酸的mosto接著放入新橡木桶中培養，通常只裝八分滿，最多也不超過90％。除了留下空間，同時木桶也不

189

● 在冬季和夏季，flor生長較慢，甚至有發生死亡的風險

● Flor主要以酒中的甘油為養分，會讓雪莉酒因甘油減少而變得更乾瘦（El Consejo Regulador del Jerez-Xérès-Sherry提供）

完全密封，讓空氣可以自由進入桶內。經過幾個月的儲存後，有些酒的表面開始長出乳白色，薄薄一層如鮮奶油般漂浮在mosto表面的flor黴花。除了可阻隔空氣防止酒氧化，也是讓雪莉酒有如此獨特風味的最重要關鍵。

　　Flor在西班牙文的意思是花，不過flor並不是花，而是長在葡萄酒表面的酵母菌。事實上，種類還不只一種，Saccharomyces beticus和Saccharomyces monthuliensis是最常見的兩種，前者比較常出現在年輕的雪莉酒，後者則在陳年的酒中比較多。不同於酵母菌以糖分為養分，在雪莉酒中的Flor需要氧氣才能存活，主要以釀造過程產生的甘油為養分，除了讓酒因甘油減少而變得更干更清瘦，而且在代謝過程中產生酯類和乙醛，散發出特別的香氣。flor喜好潮濕，介於15到21℃的溫度，所以在春秋兩季生長得最好，夏季和冬季因為溫度過於極端，flor會變少變薄。

　　位在海岸邊的Sanlúcar和El Puerto因為濕度較高，溫度也較穩定不會過熱和過冷，在那邊培養的flor常常長得非常繁盛，特別是在前者，因為城市面西，有最多的海風吹拂，條件最佳。即使是在Jerez城內的酒窖內，放置於西邊的橡木桶常比東邊的橡木桶容易長出更多的flor。為此，雪莉酒廠的酒窖通常不是位在封閉的地底，大多位在平地，且面海的一面常設有大窗，讓海風可直接吹入。

大約經過半年後，雪莉酒廠的釀酒師，capataz，會對每批雪莉酒進行第一次評選。通常會依酒質在酒桶上以粉筆標註記號，每家酒莊各有制度，符號各有差別，這些記號很有趣，但常讓我很混淆，這裡列出作為參考，但不同的雪莉酒廠會有自己的標法。一共分為四級：「／」一橫代表清淡細緻應可釀成Fino；「／.」多一個點代表稍微差一些，還需要觀察；「／／」代表較差的品質，最多只能做成Oloroso；「／／／」則為過於粗獷，只能送去蒸餾。另外，如果有些酒發生意外有太多醋酸菌產生變質，則會標「ve」只能用來製醋。雪莉酒醋近年來頗受歡迎，原本只是酒莊自用，現則可商業量產，即使沒有變質的雪莉酒現在也可能被用來製成醋。

經過第一次挑選，mosto還會經過換桶，除去酒渣及死掉的酵母，然後進行第二次挑選。通常是在隔年的採收季後進行，挑選的結果將決定這桶雪莉酒的未來，在之後馬上進行的加烈過程中添加不同比例的酒精，培養成不同風味的雪莉酒。最為清淡細緻的酒將被選為Fino雪莉酒，木桶上會以「／」一橫標示，這些酒會被加烈到15.5%，這是flor最喜愛，卻可防止其他微生物生長的酒精度，加烈後可繼續進行有flor保護，所謂生物式的培養。跟其他加烈酒不同，雪莉酒在加烈時通常不會直接添加99%的酒精，而是先混合1/2的陳酒成50%，再加烈以免讓酒失衡。一開始雪莉酒即發酵成11-12.5%的不含甜分白酒，所以相較其他甜型的加烈酒，如波特酒，雪莉酒加烈時所添加的酒精量少很多。

較為濃厚、口感較強勁的葡萄酒則會被選為Oloroso，木桶上會畫上「O」的圓圈標示，之後加烈到17-18%的酒精度。因酒精度太高，flor無法存活，這類的雪莉酒將不再有flor的保護，而會直接與空氣接觸，開始進行氧化的培養，靠著高酒精度保護葡萄酒不會變質。釀酒師在挑選分類時主要依據葡萄園的土質、榨汁的壓力、flor的生長情況及實際的品嘗來判斷。雖產自Albariza土壤，低壓榨出，且置放於Sanlúcar的潮濕酒窖所培養的mosto大多極可能選為釀造Fino，

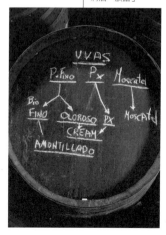

● 看似非常複雜的雪莉酒「族譜」

但每個橡木桶之間都有差距，所以很有可能同一批的酒有些桶會變成Fino，有些則會成為Oloroso。

▌雪莉酒的熟成

加烈後，Oloroso的新酒已接近完成準備的階段，開始逐批放入Solera木桶組中，這是雪莉酒獨創的混合及培養法，將在後文詳細說明。有些酒莊會將這些來自同一年分的新Oloroso先集中儲存，稱為añada，亦即單一年分的意思。原則上，所有雪莉酒都是透過所雷亞混合法（Solera）培養，不會生產單一年分的雪莉酒，但有極少數的酒廠如González-Byass、Williams & Humbert及Emilio Lustau保留非常少量的añada，單獨培養不混入Solera，成為極少見的單一年分雪莉酒Añada。要靠flor培養的雪莉酒則無法釀造單一年分，因為需要不斷有新酒提供flor生長所需的養分。

預計成為Fino類型的新酒則還無法加入Solera陳年的橡木桶組中進行最終熟成。這些酒還要分開單獨熟成一段時間，等到確定品質後才能加入，此

● 以Solera培養的雪莉酒每次取酒裝瓶時，都只能取桶中一小部分的酒，必須先用木棍測量酒的容量，以估計要取出多少公升

192

● Anada，非常少見的單一年分雪莉酒

時期的酒稱為sobretablas。在此時期，釀酒師會繼續品嘗挑選這些雪莉酒。最優雅細緻的稱為palma，在木桶上以「y」標示。稍濃厚一點的選為Palma cortada，以「y」標示，之後可能被加烈到17%成為另一種類型的雪莉酒Amontillado。有些橡木桶的flor會逐漸死亡消失，讓雪莉酒有氧化的危險，這些橡木桶會被改畫上「O」記號，加烈到17%變成Oloroso類型。也有些sobretablas雖然一直受到flor的保護，但在風味上卻轉為類似一種特殊風味的雪莉酒Palo Cortado，這時釀酒師會在原來的斜線上畫上一橫，「ㅓ」作為記號，隨後加烈到17%，強迫flor消失，進行氧化式的培養，成為Palo Cortado雪莉酒。至於什麼是Palo Cortado風味，有點複雜，將在後文說明。至於變質壞掉的則會打上「#」作為標示，直接作為雪莉酒醋的原料。

　　Solera是雪莉酒的釀造法中最常被別的產區借用的釀造技術，是培養葡萄酒的方法，也是混合調配葡萄酒的方法。經過數年的準備，sobretablas就可開始加入Solera木桶組中培養。雪莉酒窖除了常設有大窗讓空氣流通，地板也大多是泥土地，鋪上稱為Albero的黃土以保持酒窖濕氣。在雪莉酒

● 在Solera的培養法中，越底層的木桶中裝有越成熟的葡萄酒

● 依規定雪莉酒最少要經過三年培養，所以每年從Solera取出裝瓶的，不能多於整個酒桶組的1/3

窖中，橡木桶常分成很多層疊放，最底下一層稱為Solera，裡面裝的酒是最成熟、即將裝瓶上市的雪莉酒。往上一層稱為第一層的Criadera，再往上一層稱為第二層的Criadera，通常Criadera只有兩到三層，但也有達十多層之多的，尤其在Sanlúcar的雪莉酒廠，常超過九層以上。在如此多層的情況下，橡木桶並不會堆疊太高，而是分成數排。這樣一整組的多層木桶組稱為Andana，一組橡木桶的數量小者僅有數桶，但多達上千桶者也頗為常見。

裝瓶時，酒窖工人會自最底層的Solera中取出一部分雪莉酒裝瓶。因依規定雪莉酒最少要經過三年培養，所以每年從Solera取出裝瓶的不能多於整個Andana的1/3。如果是八年以上熟成的Amontillado則只能取1/8，如果是三十年以上的VORS等級，則每年只能取1/30。如果一次取出Solera桶中1/3的雪莉酒裝瓶，酒窖工人會從第一層的Criadera桶中抽出1/3補入Solera桶中，接著再自第二層Criadera抽出1/3補入第一層的Criadera，以此類推，最後在最高一層的Criadera桶中補入sobretablas的新酒。

這樣的培養方式有非常多的優點，首先，如果是需要flor保護的雪莉酒，可一直保有桶中的flor不需從頭開始培養。特別是flor需依靠新酒中的甘油維生，不斷有新酒才能永保flor的生長。橡木桶的培養過程每年會有3-5%的雪莉酒蒸發。由於酒中的水分蒸發速度比酒精快，所以橡木桶培養越多年的雪莉酒酒精度會越來越高，如果沒有添加新酒進來，可能會因酒精太高而失衡，且不可能再保有flor。

因為混合許多不同的年分，酒的香氣新舊交雜，更為豐富，口感也可更協調均衡。而這樣的混合法不需經過非常複雜的調配過程就可混合出風味一致的雪莉酒。在法國的香檳區常需雇用非常高明的釀酒師，每年從數以百計的樣品中調配出風格一致的NV香檳。而雪莉酒廠每年直接自Solera桶中取出

陳酒，簡單過濾後就裝瓶上市，但每年出產上市的雪莉酒風味卻也非常一致，不會有太多的差異。Solera的另一個好處是有些酒廠的Andana已有上百年歷史，雖經過百年稀釋，比例已經不高，但其中仍混有百年的老酒，喝來常能產生一些歷史感。

前面提到的雪莉酒都不含甜味，不過自然甜味的加烈甜酒也是雪莉酒的特產之一，特別是在製法上也頗為特別。之前已提過雪莉酒的甜酒是採用Pedro Ximénez和Moscatel兩個品種釀造。方法則是安達魯西亞頗常用的日曬成乾法。採收後，Pedro Ximénez和Moscatel葡萄會直接鋪放在室外的esparto草墊上，讓太陽曝曬成乾。不過晚上葡萄會蓋起來以免被晨間的露水沾溼。大概一個星期就能曬成糖分非常高的葡萄乾。特別是常縮寫成PX的Pedro Ximénez，榨成的葡萄汁甜度常達每公升400克，但也有500克以上的例子。

● 橡木桶上的符號意謂著屬於第一層的Criadera共有336桶，此為其中的一桶，其他的335桶位在此層與上下兩層的木桶組

大部分的酵母菌都無法在如此高的甜度中存活，所以發酵相當緩慢，只能發酵成非常低的酒精度。加烈到17%後，這些甜酒也都需要經過非常長的橡木桶培養才能適飲，也都採用混合各年分的Solera方式熟成。這些酒在年輕時已顏色深黑、口感黏稠、風味非常粗獷，特別是Pedro Ximénez。經培養後顏色更深，以焦糖及咖啡為主的香氣更多變化，且甜味會稍微均衡一些。Moscatel在雪莉區現在並不多見。風格上較為優雅一點，多香料和水果乾香氣。雪莉酒中最商業化、銷量最大的大多是甜的，不過很不幸地，都不是這兩種甜酒，大多是在雪莉酒中添加葡萄汁混合調配而成，後文將一併討論。

▋雪莉酒家族

雪莉酒的製程非常複雜，種類也非常多變，許多老式酒廠的酒款常達數十種之多。但最基本的雪莉酒只有Fino、Oloroso、Amontillado、Palo Cortado及Manzanilla五種不帶甜味的雪莉酒，全都是用Palomino葡萄釀造。他們之間都有一些關聯，Manzanilla跟Fino是一模一樣的製法，只是培養的地方在Sanlúcar。Amontillado和Palo Cortado都是先經跟Fino一樣的flor培養，後來改成氧化培養的雪莉酒。Manzanilla或Fino如果沒有繼續添加新酒，就會逐漸失去flor，酒精度逐漸提高，變成味道較重的Manzanilla pasada或Fino-Amontillado，也有稱為Fino viejo或Fino pasado。

Pedro Ximénez和Moscatel兩種加烈甜酒是最典型的甜雪莉酒，但產量較少。最商業也最受歡迎的甜味雪莉酒是Cream，或稱為Oloroso Dulce，有時也叫作Brown或East India。這是在Oloroso中添加Pedro Ximénez或濃縮葡萄

● 雪莉酒因為類型不同，顏色從淡白色到深黑色都有

汁所調配成，過去也曾直接加糖，但現已禁止。如果是Amontillado加入濃縮葡萄汁就成為顏色和味道淡一些的Medium。若將Amontillado改成Fino，就成了顏色更淡的Pale Cream。不過這只是理論上的簡單說法，許多酒商為了調出更受歡迎的雪莉酒，配方通常更加複雜，例如Williams & Humbert的Dry Sack，是最知名的Medium之一。但卻混合Oloroso、Amontillado和一點Pedero Ximénez而成。以上的十二種雪莉酒大致已包含所有的雪莉酒類型，不過也有酒商會推出只有廠牌名卻沒有標示類型的雪莉酒，這類酒款大多是類似帶甜味的Cream。

● González Byass屬
VORS等級的Matu-
salem Oloroso

　　除了極少見的單一年分雪莉酒Añada，所有雪莉酒幾乎全使用Solera系統培養，很難分辨出一瓶雪莉酒有多少年的陳年，針對陳年標示的問題，雪莉酒公會提供三種類型的陳年雪莉酒標示，保證瓶中的酒超過多少年的熟成。VORS是最老的標示，是拉丁文Vinum Optimum Rare Signatum的縮寫，剛好跟英文Very Rare Old Sherry的縮寫一樣。有此標示的雪莉酒由公會保證是平均三十年以上的老酒。保證的方法除了要經評審團品嘗，不過最關鍵的還是要經過碳14同位素的放射性定年法檢測。VOS是二十年以上陳年的標示，把VORS中的Rare去掉就是全名，採用的方法也一樣。

　　第三種的陳年標示則是直接標十二到十五年，保證的方法也是經評審團品嘗、不過年代太近無法使用碳14定年法，只規定每年銷售的數量不能超過同一組Solera的總量除以標示的年數。例如十五年，則每年只能裝瓶1/15的庫存。這些陳年雪莉酒的標示有三點需要留意，首先，並非越老的雪莉酒越好，雖然有些陳年的雪莉酒真的非常迷人。第二，並非所有老雪莉酒都會花錢去做昂價的碳14的檢測，特別是當產量很小時。最後，只有二十到三十年的差距，碳14的準確度及誤差值是否真可達到完全可信的地步？但無論如何，自從雪莉酒公會開始推出VORS和VOS後，高價雪莉酒市場總算有了回春的跡象。畢竟這還是比信口開河來得可信多了。

197

▌FINO

　　Fino是最關鍵的酒款，在雪莉酒的種植及釀造過程中，最好的、最細緻的都優先保留用來釀造Fino雪莉酒。Fino西班牙文的意思正是細緻，釀成

●全世界最知名的
Fino雪莉酒Tio Pepe

的酒也相當精巧、清爽。Fino雖也是加烈酒，但酒精度較低，約15-15.5%。Fino在整個培養過程中都受到flor的保護，所以雖經過相當長的橡木桶培養，至少三年以上，但顏色卻能保持非常淡黃明亮的年輕色。Fino的香氣非常特別，少有果香，也無來自橡木桶的香氣，陳年加烈酒常有的乾果香也極少有，反而是有新鮮杏仁核仁和淡淡的flor酵母香氣，偶而帶有一些海水的氣味，相當優雅清新。

　　因為flor以酒中的殘糖和甘油為養分，讓Fino出現特干的口感，喝來顯得特別清瘦，完全不帶任何圓潤滋味。即使酸味不是特別高，有高達15%的酒精度，卻能保有非常爽口細緻的口感。在雪莉酒產區，在靠近海岸區比較涼爽潮濕的酒窖最適合用來培養Fino，靠海的Sanlúcar和El Puerto都比內陸一些的Jerez更適合培養Fino，Sanlúcar甚至可以有自己的Manzanilla，以與一般的Fino區隔開來。一般認為El Puerto是培養Fino的最佳地點，可另外稱作Puerto Fino。在西班牙，特別是在安達魯西亞，Fino是酒吧中頗為常見的飲料，通常點單杯佐配tapas小菜，是相當優秀的開胃酒，很適合搭配種類紛雜的各色西班牙tapas小菜。跟其他開胃酒一樣，Fino需冰涼飲用，以保有最輕巧細緻的風味。

　　一般一年可從同一個Solera取出兩次裝瓶，取出後的Fino理論上可直接裝瓶，不過Fino中含有很多的flor酵母，開瓶後很容易就再度在瓶中長出白色的flor。為了避免嚇到消費者，過去還會將Fino加烈到17%再上市，現在則可透過過濾除掉所有的flor。Fino一離開Solera橡木桶，不再有flor的保護後，新鮮度就會開始下降，開瓶後容易氧化，最好盡快喝完。Fino越新鮮越好喝，直接以一種稱為Venencia的取酒杓從Solera桶中取出的Fino，便是參觀雪

莉酒廠的最大福利。這種稱為en Rama的Fino比裝瓶上市的更為輕巧細膩。Venencia是專門設計用來取雪莉酒的杓子，頂端呈圓弧狀，杓身細長，有個用鯨魚鬚做成的長柄。可穿過flor舀出Fino卻不會破壞flor的結構。

MANZANILLA

這種以甘菊花為名的雪莉酒其實跟Fino幾乎是用同樣方式釀成的，所使用的葡萄甚至葡萄園都沒有差別，唯一不同的只在於熟成的地點。只有在Sanlúcar市內培養的Fino才能稱為Manzanilla。會有不同的名稱實在是因為風味與Fino非常不一樣。在雪莉酒產區，Terroir的影響並不只在葡萄園，還在於葡萄酒熟成的地方。Sanlúcar離海非常近，有全產區最涼爽潮濕的氣候，在這裡培養的雪莉酒全年都生長非常多的flor，釀成的Fino更加清淡巧妙，且帶有更多的海水氣味，甚至還微微帶有鹹味的感覺。

● Sanlúcar因為位在朝西邊的大西洋岸，可以熟成出更細緻輕巧的雪莉酒

● 精英酒商Tradición
只用來調配用的百年
vino de color

因河海交會，交通便利的Sanlúcar發跡較早，哥倫布
當年即是由此出發前往美洲，之後也成為前往美洲的重要
港口，這邊產的酒很有可能是最早被運到美洲的歐洲葡萄
酒。Sanlúcar也是英國酒商的匯集地，不過這裡當時主要
產的酒是一種加熱過、添加arrope濃縮葡萄汁、顏色深黑
的粗獷葡萄酒Vino de Color。現在還有雪莉廠留有這種酒
作為調配加色之用，arrope是將葡萄汁加熱濃縮到剩下1/5
的黑色濃稠液體。曾經品嘗過百年的Color Viejo顏色已全
黑、非常黏稠，與Manzanilla完全是兩個不同的極端。開始生產Manzanilla約
在十八世紀末、十九世紀初才開始。當時在省府所在的Cádiz城內，許多酒
館發現來自Sanlúcar的Fino特別受歡迎，Sanlúcar的酒商開始改而生產Fino型
的雪莉酒。到了十九世紀末，Sanlúcar就已成為主要生產別名為Manzanilla的
Fino雪莉酒的地方。

　　Manzanilla在加烈時，為了更清爽，常只加烈到14.5％，在準備
sobretablas的時間也比較短，較早就能進入Criadera中熟成，橡木桶中的酒
也裝得比較少，讓flor有更多的空間可以生長。Manzanilla的Criadera層數
比較多，常為八到十三層，因此不同於Fino一年只取兩次，Manzanilla一
年卻可取很多次。這讓Criadera之間酒的流動速度加快一些。相較於Fino，
Manzanilla的口感較柔和，比Fino還清淡順口，裝瓶也較早，因為更清爽
細膩，甚至比Fino更適合當餐前酒。在Sanlúcar的酒商也產Amontillado和
Oloroso等雪莉酒，但風味上的差距並沒有像Manzanilla那麼明顯。

▎AMONTILLADO

　　所有Amontillado都必須曾經是Fino。在Criadera木桶中培養的Fino雪莉
酒因天氣變化等原因，flor有時逐漸衰竭、死亡，沉入酒中，無法再保護雪
莉酒。當遇到這種情況，釀酒師在檢查過酒的品質後，把酒精濃度再加烈
到17％，進行氧化培養成Amontillado。除了這些發生意外的Fino，也有一些

Fino因為經過培養後顯得較為濃厚一些，因此也被選來作為Amontillado的新酒。

Amontillado的名字源自A Montilla，意思是以Montilla方式釀造的雪莉酒。這個位處安達魯西亞內陸的葡萄酒產區也生產類似雪莉酒的酒款。不過因天氣非常乾熱，flor生長不易，釀成的Fino較粗獷濃厚一些。不過實際上，Amontillado卻是屬於相當細緻的加烈酒，與Montilla也不太相同。

因為曾是Fino，之後的氧化培養雖為Amontillado帶來乾果和木桶香氣，同時在口感上也多些甘油及圓潤感，但Amontillado卻絕不濃膩，有非常細緻多變的榛果、烤杏仁等香氣，口感也較干，質地輕巧多細節，即使酒精度高（17-22%）也很少顯露酒精味。不過，極為陳年，VORS等級的Amontillado確實會有更圓厚、帶些油滑甜潤的口感，不過大多也都能維持非常好的均衡。Amontillado在培養時已經長年氧化，所以即使開瓶多日也不太會影響酒的風味。Amontillado看似只適合單飲或配些乾果品嘗，卻是西班牙名酪Manchego綿羊乾酪的良伴。因氧化程度較深，酒的顏色較Fino深，呈琥珀色。飲用時酒溫也可調高一點到13-15℃，以有更豐富的華麗香氣。

● Amontillado雪莉酒需要經過更長的橡木桶熟成，以培養出更細緻的乾果香氣

201

● Palo Cortado的風
格介於Amontillado與
Oloroso之間

▌PALO CORTADO

　　Palo Cortado屬於較稀有的雪莉酒，是從Fino雪莉酒的sobretablas中挑選出來的橡木桶。釀酒師試飲選酒時如果發現有某一橡木桶中的Fino有轉變成較濃厚的風味，會打上稱為Palo Cortado的符號：「╋」，將其挑選出來。稀有的原因在於會變出這樣風格的Fino並不多。跟Amontillado一樣，會加烈到17%，然後進行氧化式的培養。Palo Cortado在酒的風格上介於細緻的Amontillado與濃厚強勁的Oloroso之間。仔細地分應該說有Amontillado的細緻香氣，但有Oloroso的濃厚口感。也因此有些酒廠會以混合Amontillado及Oloroso來充數。

▌OLOROSO

　　Oloroso在西班牙文的意思是香味芬芳，可以想見這是香味特別濃郁的雪莉酒。釀製Oloroso的葡萄酒通常較濃厚，有很多來自榨汁時後段壓力較大時榨出的Segunda Yema，或產自Barro土壤、風味粗獷一些的葡萄酒。這些酒在一開始釀成後就確定會製成Oloroso，會直接添加較多的酒精，酒精度約18-20%之間，以經得起漫長的氧化式橡木桶培養。因為高酒精濃度，flor無法存活，除非有些太粗獷被降級的Fino加入，不然Oloroso都是在氧化的環境下成熟。

● Oloroso理論上
不含甜分，但有相
當多類似Cream或
Medium的Oloroso
Dulce

　　也因此，Oloroso雖較多澀味，但酒中含有最多的甘油，口感特別濃厚油潤，特別是非常老的陳年Oloroso更是如此。正統的Oloroso都不含甜味，甘油讓Oloros喝來有些甜潤的口感。成熟的Oloroso香氣也帶乾果味，但不同於Amontillado較細緻的榛果香，Oloroso常有較濃的核桃香氣。烘培系的香氣也較多，如煙草和烤麵包，焦糖也頗常出現，有時甚至會有溼地的氣味。

跟Fino一樣，Oloroso也需經過Solera的混合過程。緩慢地陳年，讓酒色慢慢成為深琥珀色或甚至褐色。Oloroso通常必須安靜地在橡木桶中培養七年以上時間才能裝瓶上市，因年輕時較粗獷一些，所以一般而言Oloroso有越老越好喝的傾向。Oloroso也分成不同的等級，較差者稱為raya，通常只能用來混成甜型的Cream，不會單獨裝瓶。雖仍算是白酒，但喝Oloroso時酒溫不宜過低，在11-15℃以內最佳。

雪莉酒商

雪莉酒業的發展與自十三世紀末就在安達魯西亞落腳的英國商人有非常重要的關聯，特別是十五世紀末安達魯西亞的外銷免稅制度鼓勵了海外貿易，善於經商的猶太人又被驅離西班牙，讓英國商人的地位更形重要。以El Puerto跟Sanlúcar為基地，這些英國商人讓雪莉酒成為重要的貿易商品，也成為英國人最喜愛的葡萄酒之一，稱為Sack。雖然安達魯西亞人頗熱愛Fino和Manzanilla雪莉酒，但其他種類則較不受歡迎，在西班牙其他自治區喝雪莉酒的人口更少，至今雪莉酒還是以外銷市場為主的葡萄酒業，英國一直都是最大的市場。

● 曾經是雪莉酒兩大精英廠之一的Domecq，已經轉手賣掉包括La Ina在內的雪莉廠牌

雪莉酒因為以酒的培養為重，幾乎沒有任何名廠坐落於田野之間，且全部齊集在城市之中，自從改為鐵路運輸後，雪莉酒商大多以Jerez為中心，Sanlúcar因為Manzanilla的關係還留有頗多酒商，El Puerto則稍少些。不同於一般的葡萄酒業有非常多的小型酒莊，雪莉酒業主要掌握在大型酒商手上，在生產鏈上，有的酒商甚至完全沒有葡萄園，甚至也不自己釀酒，只負責培養和調配的部分。

　　不過雪莉酒的外銷市場從1979年的1億5千萬公升一路跌至2003年的5千多萬公升，許多雪莉酒名廠紛紛被併購，包括歷史最悠久的如Valdespino，甚至最知名的最大廠如1730年創立的Domecq。1994年Allied集團買下Domecq，2005年法國的Pernod Ricard集團再買下Allied Domecq集團，在此之前，Domecq已兼併了許多家歷史悠久的名廠。Pernod Ricard將利奧哈（Rioja）等產區的酒莊Juan Alcorta、Ysios等合成Domecq Bodegas保留下來。但在雪莉酒的部分則將最知名的La Iña、Botaina、Capuchino、Rio Viejo等珍貴的十四個牌子於2008年全部轉賣給Osborne集團，只留下Domecq這個

● 雪莉酒公會內收藏
的會員酒商記念木桶

有點像空殼的名字，只產最基本款的雪莉酒。也屬於Domecq的另一家雪莉酒商Harvey，因專產商業廉價酒款而被留下來，其Bristol Cream是全球銷量最大的雪莉酒。

不過在被Allied買走後，Domecq家族中的Alvaro Domecq買下一家1730年創立的Almacenista：Pilar Aranda，在1999年重新成為雪莉酒酒商。

操縱在跨國集團的手中及不斷被兼併，看似是雪莉酒業面對衰退唯一的出路和命運，許多珍貴的雪莉酒也因融入大廠而消失不見。不過情況在1996年後有了一些轉變。為了保護大酒商的獨占權，曾有規定成為雪莉酒酒商的門檻必須要先有125萬公升以上的窖藏，才能取得酒商執照，這讓小型酒商完全沒有存在的空間。1996年此規定調降為5萬公升後，才真正出現一些如Tradición和Valdivia等小型精英酒商。

● Emilio Lustau所生產的單一almacenista雪莉酒

除了酒商，在雪莉酒產區有一種行業稱為almacenista，字面的意思雖說是大盤商，但其實比較像代工酒商，他們有自己的酒窖，也有自己的Solera，有些甚至已有數百年的歷史。他們培養生產雪莉酒，然後賣給酒商混進其他的雪莉酒裝瓶。不同於大酒商，這些almacenista較專精於某些區域某些類型的雪莉酒，不過因為不自己裝瓶，只是幕後的釀酒英雄，很少為外人所認識。Emilio Lustau是少數生產單一almacenista雪莉酒的酒商。在景氣不佳時大酒商不再採買，使得這些almacenista完全失去市場，1996年規定改變後，有很多almacenista便成為小型酒商，自己裝瓶銷售。如1838年成立的Gutiérrez Colosía，到1997年才成為正式的酒商。

Jerez是西班牙最古老的產區之一，因位居地中海與大西洋交界的重要位置，早自西元前十二世紀就已有腓尼基人（Phoenicians）在鄰近的Cádiz港建立殖民地和葡萄園。在羅馬時期Jerez稱為Ceritium。西元八世紀初之後，長達七個世紀為摩爾人（Moors）所占領，此時期Jerez城開始發展起來，稱為Seris，後稱為Sherish。摩爾人並沒有禁止葡萄酒業且引進蒸餾的技術，讓雪莉酒得以因添加烈酒而更適合久存，可以運送到遙遠的市場。在十三世紀摩

● 位在舊城主教教堂
旁的González Byass，
是Jerez城內最值得參
觀的雪莉酒商

爾人離開時，Sherish改名為Jerez de la Frontera，
但英國人仍稱此城為Sherry。

除了雪莉酒，Jerez也是知名的馬術中心和
佛朗明哥音樂（Flamenco）的發源地，是相當
迷人的城市。舊城雖然狹小擁擠，但仍有許多名廠位在其間，最知名的是在
主教教堂附近比鄰而居的González Byass和Domecq兩家，廣闊的廠區有各個
時期興建的多座酒窖，幾乎占滿舊城的西南角，這裡也剛好是面向大西洋的
最佳位置。

▎GONZÁLEZ BYASS

González Byass是由Don María González於1835年創立，後有英國人Robert
Blake Byass加入，是雪莉酒最知名也是最大廠之一，至今還是由家族所擁有
的酒商。酒廠直接位在舊城邊，有多座建築風格殊異的酒窖，其中最知名的
是由艾菲爾（Alexandre Gustave Eiffel）設計的鋼骨式La Concha圓型酒窖。
城內占地數公頃的酒窖仍無法容納，在城外還有另一酒窖，共窖藏十二萬個
橡木桶，4千6百萬公升的雪莉酒。更特別的是，竟然也擁有將近上千公頃的
葡萄園。

每年生產六百萬瓶的Fino "Tío Pepe"，毫無疑問是全世界最著名也最暢
銷的Fino雪莉酒。是以莊主的舅舅José Angel de la Peña為名（tio=舅舅，Pepe
則是José的暱稱），從1844年起就已開始賣到英國。平均經四到五年熟成，
產量雖大，卻是最典型甚至最佳的Fino之一，非常新鮮爽口，且細緻優雅。
五年flor培養、兩年氧化培養的Viña AB，屬於年輕簡單的Amontillado，約經
九年的年輕Oloroso有甜型的Solera 1847和干型的Alfonso，都是價廉物美的雪
莉酒。

四款VORS的老酒都釀得相當好，特別以Matusalem最為成功，雖帶甜
味，但豐富溫潤的香氣配上均衡豐厚的圓潤口感，應該沒有其他Cream可
以超越這樣的水準。以兩百年以上歷史的Solera所釀成的El Duque，有極

● 1835年創立的González Byass，至今還是由家族所擁有的酒商

細緻且豐富多變的乾果香氣。另有PX（Pedro Ximénez）：Noé及帶甜味的Palo Cortado：Apostoles。González Byass在雪莉之外也擁有多家酒莊，如Somontano DO產區的Viña del Vero、利奧哈的Beronia等。

▌EMILIO LUSTAU

1990年Emilio Lustau被El Puerto的酒商Luis Caballero買下後也遷入舊城內的Los Arcos路上。Emilio Lustau雖然歷史上溯1896年，但原本是一家almacenista，到1870年代才變成酒商。不過也因為這樣的淵源，Emilio Lustau在1980年代因以單一almacenista獨立裝瓶而獨樹一格，進而成為精英名廠。也因為這樣，雖是年產兩百多萬瓶的中型酒廠，卻生產近四十多款酒。雪莉酒頗熱衷於混合調配，但Emilio Lustau卻反其道而行單獨裝瓶。不調配要釀出完美的酒確實較難，但Lustau卻大多相當成功。

成為Luis Caballero旗下的酒商後，Emilio Lustau也有在El Puerto熟成的Fino。其Papirusa（Manzanilla）、Puerto（El Puerto熟成的Fino）及Jarana

207

● Lustau調製得相當成功的Cream甜雪莉 East India

（Jerez熟成的Fino）三款酒都釀造得非常典型，是認識這三個城市所熟成的Fino風格最佳的教科書級版本。雖然有許多almacenista轉型為酒商，但Lustau還是有六家與其合作推出單一almacenista的雪莉酒，例如在Oloroso名園Carrascal擁有葡萄園的Vides，是專精於Oloroso跟Palo Cortado類型雪莉酒的almacenista，Lustau以其名推出的Palo Cortado也是此類雪莉酒的典型代表。很多酒商一年難得挑出幾桶Palo Cortado，但Vides卻有非常高比例的Palo Cortado。

Lustau的Oloroso中以Emperatriz Eugenia Very Rare Oloroso最知名，也可能是最優雅均衡的Oloroso。Lustau也專精於甜酒，如頗少見，稱為Emilin，產自Chipiona城的Moscatel甜酒。極濃甜的PX（Pedro Ximénez）：San Emilio及百年紀念酒Murillo。屬於Cream型的有East India，以及自1988年開始的單一年分Añada，風格頗粗獷，也是Cream類型的雪莉酒。

SÁNCHEZ ROMATE HERMANOS

在時鐘博物館邊的Romate，創立於1781年，是舊城中僅存的幾家延續舊有傳統的雪莉廠，雖然現在有些酒標顯得相當新潮。Romate有七千多桶的窖藏規模，不過專長不在Fino，反而以Amontillado、Oloroso及PX（Pedro Ximénez）甜酒等氧化式熟成的酒聞名。除一般的Romate，較佳的酒屬於Reserva Especiale系列，種類相當多，也各有其名，最知名也可能最精采的是Amontillado類型的NPU。最老和最貴的酒稱為La Sacrístia系列，以VORS等級的Oloroso釀得最好。

● 帶些新潮外表的傳統名廠Romate

TRADICIÓN

　　1988年成立的Tradición是歷史較新的精英小酒商，位在舊城市集廣場邊的小巷中，只有一千多只木桶。雖然歷史短，但卻可能是全雪莉酒產區平均酒齡最老的酒商。成立之初雪莉酒尚未有碳14定年法，且市場萎縮，陳酒的價格低，Tradición當時非常容易就跟Domecq及現在已消失的Bobadilla、Croft和Alfred Gilbey等多家雪莉酒商直接購入非常大量、整組的極陳年，甚至有百年或兩百年歷史的Solera。PX則直接從Montilla引進老酒。即使是現在，他們買進最年輕、作為sobretablas的新酒也都是十年以上的陳酒。現在要大量買進這些陳年的木桶組已相當困難。

● 只產極陳年酒款的Tradición，是近年來最成功的雪莉新廠

Tradición相信越老的雪莉酒越精采，所以只產VOS等級以上的老酒。主要的四款酒中，Amontillado、Oloroso和Palo Cortado全都是VORS，其Oloroso更達四十二年以上。

WILLIAMS & HUMBERT

　　為了方便管理，有些名酒商搬遷到舊城外另建酒窖。如1877年創立的老牌名廠Williams & Humbert，1999年搬到城南往El Puerto的路邊，占地6公頃，是全歐洲最大的單一酒窖，窖藏三萬桶。雖然已不再由英國人所擁有，但卻是一家非常英國風的酒商，也主銷英國，最專長的酒款是Oloroso和調配後的Medium：Dry Sack以及Cream：Canasta，至於Fino、Manzanilla和Amontillado則較不擅長。

● Williams & Humbert是一家帶英國風的雪莉大廠

VALDESPINO

Estévez集團在1980年代買下百年歷史的Marqués del Real Tesoro酒莊，接著從Harvey買來知名的Fino廠牌Tío Mateo。1999年再買下雪莉酒業歷史

最悠久的傳統老廠Valdespino。這些廠牌現在全部集中到新市區新建的酒窖一起培養。2008年再買入Sanlúcar市、產知名Manzanilla雪莉酒La Guita的酒商Rainera Pérez Marín。在這幾家酒商中以有近七百年釀酒歷史的Valdespino最為珍貴，原因無他，因有非常大量、極為陳年的Solera。

也許因為陳酒非常多，加上還是維持傳統在橡木桶中進行發酵，Valdespino的風格並非輕巧細膩，而是特別濃郁豐富。這也讓Valdespino的Fino Inocente喝來較其他Fino濃厚，因為平均窖藏達八年，酒精度也較高達16.5%。而其屬VORS等級的Amontillado Coliseo，

● Valdespino以風格老式且非常濃郁聞名

無論香氣和口感的濃縮程度都相當驚人，已到了無可比擬的地步。但重點是都相當均衡，且有極豐富的細節變化。同屬VORS的還包括Oloroso：Su Majestad、Palo Cortado：Cardenal及PX：Niños。Valdespino的Fino跟Amontillado也許算是非常獨特，但其Oloroso因Solera都已相當古老，除了VORS等級，連VOS等級的Don Gonzalo跟Solera 1842都有極富麗堂皇的老式風格。

EQUIPO NAVAZOS

2005年才成立的這家酒商，規模比上一代的精英酒莊更小，或甚至微不足道，每款酒僅有一桶約數百瓶的數量。但其手工精選的極獨特雪莉酒來自包括Jerez的Valdespino、Sanlúcar的Sánchez Ayala及Montilla的Pérez Barquero等名廠。以La Bota de為名的雪莉酒幾乎單一酒桶裝瓶，讓許多年輕的西班牙葡萄酒迷對雪莉酒產生興趣。例如編號9，只產一千四百瓶的La Bota de

Amontillado "NAVAZOS" 是Sanlúcar產的極優雅細緻的輕巧版Amontillado。而編號15的La Bota de Fino "Macharnudo Alto" 則是相當濃厚的Fino，原因無他，是來自Valdespino的Solera。除了保留傳統價值，Navazos正開始一些創新的釀酒計畫，例如2008年與波特（Port）特立獨行的名廠Niepoort合作釀造非加烈、經flor培養的年輕干白酒。讓雪莉酒有其他新的可能。

● Navazos規模比上一代的精英酒莊更小，有些酒款僅有一桶約數百瓶的產量

VALDIVIA

Valdivia是少數新創的雪莉酒商，2003年在舊城邊成立後，釀成的酒就已受到許多好評，一般的Fino、Amontillado Dorius及十五年的PX Sacromonte都有極高的水準，帶點現代的乾淨風格，但仍相當傳統。不過面對嚴峻的不景氣，2008年被已擁有六家酒廠的Garveys集團所併購。不過Garveys預計將維持此新廠原本的風格。

HIDALGO-LA GITANA

如果Tío Pepe是Fino的代表，那麼Hidalgo酒莊所生產的La Gitana正是Manzanilla雪莉酒的最經典代表。Hidalgo家族雖然來自西班牙北部，但在Sanlúcar已定居兩百多年。酒廠創建於1792年，位在大西洋岸的沙灘邊，但因兩百多年來瓜達幾維河泥沙的堆積，海岸線不斷往前移，現在酒窖離大西洋岸已達600公尺，不過這一小段距離並不影響Hidalgo的酒窖可常年接收海風的滋潤。Hidalgo擁有200多公頃的葡萄園，為了保證品質，酒廠出產的雪莉酒全來自自有莊園，這在雪莉酒產區相當少見，大部分的酒商都需要靠葡萄農供應葡萄。

● Hidalgo酒莊兩百多年來都是由同家族經營

211

● La Gitana是Man-
zanilla的最經典代表

　　Hidalgo的招牌酒La Gitana約經四年的橡木桶熟成，經六次以上的Solera混合。Hidalgo早自兩百多年前就已採用來自北美的橡木桶，至今還有一小部分的La Gitana是在這些已數百年歷史、最早引進歐洲的美國橡木桶中培養熟成。La Gitana酒色透明，比Fino還淡，只帶著一絲淺淺的淡黃色。香味細緻豐富，以新鮮的杏仁為基調，帶著淡淡的菊花香、海水氣息和醃青橄欖的香氣，極清淡優雅、輕巧爽口，似有若無地帶著些微的鹹味，最生津止渴的葡萄酒莫過於此。一款稱為Pastrana的Manzanilla Pasada也非常細緻。VORS等級的Amontillado Napoleon也相當知名，不過都不比La Gitana的光采。

▌ HEREDEROS DE ARGÜESO

　　1822年創立的Argüeso也是由來自西班牙北部的同名家族所創立。位在市中心區的下城區，現在離海850公尺。Argüeso的Manzanilla一共有四款，除了比較年輕一般的Argüeso，Las Medallas最為優雅細緻。一樣培養五年的San Léon則有更多海水及礦石氣息，是頗嚴謹、個性強烈的Manzanilla。而培養九十個月以上的San Léon Reserva de Familia，則比較接近Manzanilla Pasada微帶氧化香氣的類型。

● Argüeso位在離海
稍遠一點的市區內

BARBADILLO

位在上城區的Barbadillo，1821年創立，是Sanlúcar規模最大的雪莉酒廠，有500公頃的葡萄園，年產1千萬公升。酒廠直接位在市中心離海約1,200公尺的高坡上，雖離海稍遠數百公尺，但因位處面西的坡頂，反而接收更多西邊吹來的海風。三款Manzanilla中Muyfina簡單易飲，但以Solear最為知名，與La Gitana同為最精巧細緻的雪莉酒之一。Manzanilla en Rama則較為特別，風格較接近Manzanilla Pasada，顏色金黃，會標示裝瓶的年分和季節，Manzanilla的氣味中多一些乾果及熟果香氣。稱為Príncipe的Amontillado也釀造得相當優雅多香。其他酒款相當多，但Manzanilla卻最具代表，特別是Solear。

● Barbadillo是San-lúcar最大廠，附設雪莉酒博物館，非常值得參觀

OSBORNE

現在位在El Puerto的名酒商並不多，1772年就創立的Osborne是最知名也最重要的一家。雖仍由家族經營，但卻是一家包含餐廳、伊比利生火腿廠及多家酒莊的大型集團。2008年併購Domecq最重要的十多個廠牌後，晉升為最大雪莉酒廠之一。位居El Puerto，Fino是重要項目，不過Osborne的Quinta卻是屬於較濃縮型的Fino，少一分優雅。甜型的雪莉酒如Santa Maria Cream和1827 Pedro Ximénez，以及不甜的Oloroso Bailén，雖稍粗獷，但都濃厚且均衡兼具。

● El Puerto的Osborne，其黑色的鬥牛商標，幾乎是西班牙的代表象徵

213

馬拉加 MÁLAGA

包括海拔3,000多公尺的內華達山（Sierra Nevada）在內的連綿高山，為西班牙南部的海岸阻擋了所有來自北方的寒風，成為歐洲終年陽光普照、每年有三百二十天晴天的避寒天堂——陽光海岸（Costa de Sol）。說是天堂也許太沉重，廉價的包機每天自北歐載來數以萬計的度假遊客，徜徉在綿長的人工海灘上與海岸邊一樣成排綿延，如水泥公園般的度假公寓裡。在歐洲，任何可以在冬季躺在海灘上曬太陽的地方都可稱得上是天堂。

馬拉加正是這陽光海岸的首府，以及環繞在其周圍的省分。對老一輩西班牙人來說，Málaga這個字還代表一種自羅馬時期即已聞名的極傳統老式甜酒。在英國維多利亞女王（Queen Victoria）或更早的文藝復興時期（The Renaissance），傳統的馬拉加白酒曾一度相當流行。那是一種經過很長時間在橡木桶內培養熟成、帶著琥珀色的陳年甜白酒，為了經得起經年的氧化，通常都會進行加烈，有時為了提高甜度，採收的葡萄還會經過日曬，或添加煮沸的葡萄汁arrope釀成深褐色的超級濃縮甜酒。在雪莉酒產區使用的所雷亞混合法（Solera）也常被用來作為調配培養的方法，釀出較均衡多變的酒來。

採用的品種主要是香氣濃郁的蜜思嘉葡萄（Moscatel）及超濃甜的Pedro Ximénez，釀成的酒稱不上細緻，粗獷中帶著懷舊氣氛。在城中心林蔭大道Alameda上有家1840年創立的酒廠自營酒吧Antiqua Casa de Guardia，酒直接從吧台後老舊泛黑的橡木桶中取出，從年輕的Palido到稍老

● Añejo是經過三到五年陳年的馬拉加葡萄酒

214

一些的Noble（兩到三年）、Añejo（三到五年）到老一點的Trasañejo（五年
以上），甚至最老的還有自1908年開始混合培養的Pedro Ximénez，極度濃
甜，卻意外地相當均衡。這樣沾滿灰塵卻又生動活潑的場景，正是西班牙最
讓人著迷的地方。

　　釀製這類老式甜酒的酒廠已經不多，1885年創立的Bodegas Málaga
Virgen是其中品質最優異的一家。酒的種類非常多樣，最知名的酒款Málaga
Virgen在西班牙各地都頗易買到，是以Pedro Ximénez釀造，顏色深如咖啡，
充滿焦糖、咖啡及李子香氣，雖然頗甜，但相當均衡，餘香也很長。PX
Reserva de Family也是以Pedro Ximénez釀造，但更加濃稠甜潤。

　　蜜思嘉葡萄在馬拉加並不單只以釀酒聞名，也生產古法種植及曬製的蜜
思嘉葡萄乾，城東Axarquia區的Tejeda山區是最重要的產區。葡萄園位在陡
峭的板岩山坡上，只能靠人工及驢子耕種，採收後葡萄在莊園向陽的山坡

● 產自Tejeda山區以古法種植和曬製的蜜思嘉葡萄乾

上曬成乾。現已有Jorge Ordóñez和Telmo Rodríguez（Molina Real）用這些曬乾的葡萄釀成全新版本的蜜思嘉甜酒，顏色金黃閃亮，散發著非常新鮮、帶有青草及花果的香氣，提前採收的葡萄讓如此濃甜的酒保有極強的酸味，無需陳年就有非常均衡的口感，不僅是未曾有過的全新風味，也可能是西班牙最佳的蜜思嘉甜酒。

在Málaga出生的Jorge Ordóñez是西班牙裔的美國酒商，他的Orowines集團在西班牙各地釀出相當多新式名釀，但都比不上自2004年起，他在故鄉以Jorge Ordóñez & Co所釀的蜜思嘉葡萄酒。這個計畫一開始是由現已過世、奧地利最知名的Alois Kracher協助釀造。No 1稱為Selección Especial，採用比較晚收的葡萄，13%酒精度，均衡細緻，清新多果香。No 2稱為Victoria，用提

早採收的葡萄稍微曬乾再榨汁，釀成更濃縮、更多酸也更多果香的均衡甜酒。而不帶甜味的Botani更是非常新鮮多酸，有細緻的青草及花香，真是新鮮可口。

● Jorge Ordóñez & Co所釀製完全不甜的新式蜜思嘉白酒

在馬拉加省西邊山區，因海拔較高，而且有一些來自大西洋的影響，氣候比較涼爽溫和，可以跳出安達魯西亞熱得只能產加烈酒的自然宿命，得以生產一些均衡的非加烈葡萄酒。1982年來自德國的Friedrich Schatz開始在他位於Ronda市附近的Finca la Sanguijuela莊園種植包括Lemberger、黑皮諾（Pinot Noir）、小維鐸（Petit Verdot）、夏多內（Chardonnay）和Muskattrollinger等葡萄品種。他採用有機方式種植，釀成的酒頗意外地，相當新鮮細緻，有些甚至有如北方的葡萄酒般顯得酸瘦。

● Lagrima是一種濃甜型的老式馬拉加甜酒

繼Friedrich Schatz之後有更多的酒莊開始嘗試，甚至形成風潮，有頗多家酒莊設立。為了與傳統的甜酒或加烈酒區隔，這邊產的葡萄酒稱為Sierra de Málaga。我喝過大約近五十款產自此區的葡萄酒，有些確實能保有均衡，例如Cortijo Los Aguilares酒莊。但我並不確定可以及得上世界級水準，至少與這裡的加烈酒比起來是如此，唯一的差別是，現在的葡萄酒世界正處於非加烈酒的時代，安達魯西亞也被迫要發展此類葡萄酒。

MONTILLA-MORILES

● 在安達魯西亞，時
間似乎很不值錢，酒
廠內常有非常大量的
極陳年老酒存放在木
桶中

如果白酒的顏色像一杯黑不見底的double expresso，那還能稱為白酒嗎？

白酒雖然會隨著氧化和酒齡的增加，逐漸加深變黃成為老金色或琥珀色，最後會變成黑色的其實相當少見，但安達魯西亞自治區（Andalucía）哥多華省（Córdoba）的Montilla-Moriles DO產區卻是以生產完全不透光的棕黑色白酒聞名。

這裡的葡萄酒大多採用一種稱為Pedro Ximénez的葡萄釀成。經常縮寫成PX的Pedro Ximénez，據傳是一位叫作Pieter Siemens的德國軍人在十六世紀帶到安達魯西亞，才會有這個奇異的名字。PX除了果粒大、甜度高，也非常耐乾旱且懼潮濕，很適合安達魯西亞內陸的氣候，但是在靠近海岸邊、比較潮濕的雪莉酒產區反而較難生長。PX相當容易氧化，很快就會喪失新鮮的果香及清新的口感。

Montilla-Moriles是全世界種植最多Pedro Ximénez的地方，也許因為毫無機會釀成優雅清新的白酒，Pedro Ximénez在本地非常炎熱的安達魯西亞太陽下，乾脆直接釀出最粗獷濃厚的白酒。PX葡萄通常趕早在8月採收以保留酸味，葡萄農直接將葡萄置於草蓆上，在夏日豔陽下日曬七日。容易氧化的PX葡萄皮很快就轉成棕黑色，糖分更是飆高到有如純葡萄糖般濃甜。經強力壓榨後，榨汁機便流出黏稠黑濁的超濃縮葡萄汁。

100公斤的葡萄最後只能榨出約29公升甜到連酵母菌都很難生存的葡萄汁。大約勉強發酵到2-3%的酒精濃度後，釀酒師就直接添加酒精加烈到

15%，留下巨量的超甜糖分（每公升可多達500克之多）。這時的PX甜到
難以入口，需要存進橡木桶中讓酒裡的甜膩及粗獷氣慢慢在時間中化開。
少則存六到七年，多則數十年，等PX逐漸散發陳年溫潤的無花果乾、焦糖
和咖啡香氣，甜膩轉為圓潤脂腴時才裝瓶上市，如Pérez Barquero酒莊的La
Cañada，一等就是二十五年。或有採用所雷亞混合法（Solera），每年添些
新酒進去，等酒夠好了再取一點出來裝瓶，如Alvear酒莊的1927、1921和
1830等。

　　Montilla-Moriles產區並不只是產這樣極端的黑色白酒。這裡也產一些
與雪莉酒相似的白酒，例如Fino。這確實很難想像，但在乾熱如Montilla-
Moriles的地區，酒裡竟然也能生長flor黴花。而粗獷如Pedro Ximénez竟也能
釀製Fino。因為葡萄的自然酒精度高，完全不需加烈即可達到15%的酒精濃
度。這裡產的Fino大多不是加烈酒，喝來比較不干，圓潤一些，香氣比較
接近Fino Pasado。Alvear酒莊的C.B.是最典型的代表。另外，Amontillado跟
Oloroso也有生產，Alvear的Oloroso跟Barquero的Gran Barquero Amontillado也
都非常迷人，原因在於長年的滯銷，讓這些酒都已熟成非常長的時間，後者
甚至平均酒齡超過二十年，但價格卻相當平實。

在這個歷史動輒數百年的地方，時間似乎一點都不值錢，在安達魯西亞的酒舖裡，Alvear酒莊半瓶裝的Solera 1927，竟也不過6.59歐元。安達魯西亞最迷人的地方總是在那些看似斑駁過時的東西裡，就像這些老掉牙的PX，彷彿自塵埃中翻找出來的陳年舊釀，飄散著唯有時光才能釀成的氤氳香氣，如此珍貴，卻又如此隨意可得。

● Pérez Barquero是
創立於1905年的精
英名廠

Pérez Barquero仍然
使用老式的水泥酒槽來
釀造和培養葡萄酒

加納利群島
ISLAS CANARIAS

在廣闊的葡萄酒世界裡，

加納利群島稱得上是極邊陲之地。

不僅島上產的葡萄酒與他處無相似之處，且大部分被島民及觀光客喝得精光，

連在西班牙本土都極為少見。

但因跟主流的葡萄酒世界隔著遙遠距離，

加納利群島上的酒莊捨棄現代化的理性算計，沿襲傳統手工式的

葡萄酒工藝，卻出乎意外地釀出許多迷人的浪漫滋味。

加納利群島
ISLAS CANARIAS

加納利群島（Islas Canarias）是這一連串西班牙葡萄酒旅行的最後一站。但對西班牙人來說，到加納利群島拜訪葡萄酒莊，聽起來就不像是正經事。馬德里（Madrid）的朋友Enrique說，要去陽光沙灘度假應該有更好的藉口吧！「這個鄰近西撒哈拉（Sáhara Occidental）、位處亞熱帶的西班牙度假群島，真的值得專程前往探訪葡萄酒業嗎？」在飛往加納利的廉價航班上，我不時想著這個問題。

在廣闊的葡萄酒世界裡，加納利群島稱得上是極邊陲之地。不僅島上產的葡萄酒與他處無相似之處，且大部分被島民及觀光客喝得精光，連在西班牙本土都極為少見。出發前，我也僅喝過一些來自藍扎若迭島（Lanzarote）

● Tacoronte-Acentejo產區看似雜亂的葡萄園，全以手工耕作，冬季時可在樹間種植蔬菜。

以Malvasía釀成頗輕巧細緻的甜白酒，以及丹娜麗芙島（Tenerife）所出產的、有些粗獷，但帶著獨特礦石及煙硝味的Listán Negro紅酒。

一直跟主流的葡萄酒世界保持一定的距離，是加納利最吸引我的地方。例如產酒的六個島上，至今都還未曾有根瘤芽蟲病的問題，沒有嫁接砧木，直接種在土壤裡。十九世紀末和二十世紀初因根瘤芽蟲病害而需全面重建的歐洲葡萄園，理性選擇了當時所認為的優秀品種，用比過去更有效率且更便於管理的種植及耕作法。這樣的革新趨勢卻也淘汰了一些不是特別有效率、卻風格獨具的品種及耕作法。

即使到了二十一世紀，以純手工的方式混種數十種品種等極古老的種植方法，在加納利的幾個島上都還隨處可見。許多在歐洲大陸已消失殆盡的珍貴品種，也還

孤立地留存在這些島上。因為不需要進入全球化的市場與來自全世界的葡萄酒
同台競爭，加納利葡萄酒業才得以有機會完全自成一格，為我們留下可以探看
過往和現在的一道窗。也許只有到了最邊陲的地方，才看得見主流世界裡的盲
目及因循，甚至在泡沫破滅的時刻，找回一些葡萄酒中早被遺忘的價值。

　　這趟只去了丹娜麗芙和藍扎若迭兩個島，不過在品嘗過La Palma島的
Malvasía甜酒後，頗後悔沒能到那個島上去看看。加納利群島一共有七個主
要島嶼，位在鄰近摩洛哥（Morocco）跟西撒哈拉的大西洋上。東邊距離非
洲大陸僅100公里，但離西班牙卻有上千公里。這七個島都是由火山噴發所
形成的火山島，因為海拔及風向，每個島的情況又相當不同。相較於歐洲，
這裡的緯度很低，已進入亞熱帶氣候區，氣候溫和，冬夏的溫度很相近，是
歐洲的避寒勝地，但因地形變化，氣候也相當多樣多變。加納利群島在歷史
上曾作為大西洋往來船隻的停靠站，有非常大量的歐洲種葡萄被帶到這些島
上，因為島嶼的封閉性，幾百年來這些品種在加納利群島上為了適應本地特
殊的環境，也轉變出不同於原有品種的特性，甚至自然雜交出新的品種。

　　加納利群島是一個獨立的自治區，七個島分屬兩個省分。西邊稱為聖
克魯斯省（Santa Cruz de Tenerife），以最大島丹娜麗芙島為首，包括La
Gomera、El Hierro和La Palma四個島，都有產葡萄酒，不過以丹娜麗芙島最

● 海拔3,718公尺的泰德火山像一個屏風般，為丹娜麗芙島攔下大西洋潮濕的水氣

● Tacoronte-Acentejo
產區的Monje酒莊是島
上最早開始生產精緻葡
萄酒的精英酒莊

為重要，其葡萄酒業在所有加納利群島中最具規模，也設有最多的DO法定
產區。東邊稱為拉斯帕爾馬斯（Las Palmas de Gran Canaria）以Gran Canaria
島為首，包括Fuerteventura和藍扎若迭島共三個島，其中只有Fuerteventura不
產葡萄酒。

▋TENERIFE島

　　最大島丹娜麗芙島面積不到南投縣的1/2，但島中央休眠中的泰德火山
（Teide）海拔高度卻高達3,718公尺，竟是西班牙最高峰所在。除了阿爾卑
斯山區，歐洲沒有其他地方比泰德火山還高。像個大屏風高高立在大西洋
上，泰德火山的北面山坡遮攔住大西洋西風（西北風）帶來的濕氣，經常雲
霧迷漫，雖然雨量極低，卻相當潮濕，為位處亞熱帶的丹娜麗芙島帶來清
涼，可延緩葡萄的生長速度，但也容易染病。不過島的南部卻特別乾燥多陽
也特別溫暖。而直線上升的陡坡也許讓耕作變得更艱難，卻讓同一個產區就
兼具不同的海拔高度，讓品種和風味更為多樣。海岸邊的酒比較濃厚，酒
體龐大，從8月就開採了，但最高的葡萄園（900公尺以上）則可能晚至10月
中，生長季長，釀成的酒比較淡，新鮮且多果味。

在加納利各島中，丹娜麗芙島特別以產紅酒聞名，尤其是東北角的Tacoronte-Acentejo DO產區。加納利群島最大的酒廠Insulares Tenerife即位在區內，是一家合作社，雖集合了八百名葡萄農，但每年僅產50萬公升。島上的專業農家不多，這家合作社平均一名葡萄農只有0.2公頃的葡萄園，大多是自家庭院種植的兼職型農家。全以手工耕作的葡萄園在冬季還可在樹間種植蔬菜和美洲原生馬鈴薯papa。比較老的葡萄園則常混種數十種品種，且黑、白葡萄參雜。當然，全島也沒有採收機，全以手工採收。在還沒有合作社之前，葡萄農大多自釀自飲。

Listán Negro是最重要的黑葡萄品種，Insulares Tenerife酒莊稱為Viña Norte的系列紅酒都是以此品種為主釀成，釀成的酒顏色深，常帶有青草和尤加利葉等草系香氣，也有頗獨特的礦石味，口感也相當濃厚，單寧不是特別細緻，帶粗獷氣，雖然Listán Negro是果粒頗大、汁多皮少的品種。通常會混合一些果味較多、單寧細緻一些的Negramoll（即馬德拉島〔Madeira〕上的Negra Mole）。以二氧化碳泡皮法可釀成多花果香氣的簡單紅酒，頗受歡迎。Listán Negro也釀成強勁濃厚的老式加烈甜紅酒。Tintilla則是近來最受注意的黑葡萄，可能是Graciano，被精英酒莊Monje釀成非常嚴肅緊澀的濃厚紅酒。Tacoronte-Acentejo DO產區也產一些白酒，跟島上其他產區一樣，主要用多產的Listán Blanco釀成簡單清淡的干白酒，雖跟雪莉酒的Palomino是同一品種，但在本地酸味更多，也常有特殊的青草及茴香味。偶而也可釀成頗具水準、經木桶陳年的加烈甜白酒。

● 以Listan Negro釀成的Viña Norte紅酒有獨特的礦石及青草香氣

在丹娜麗芙島西北、泰德火山山下，氣候更潮濕少陽光，生產更清爽的葡萄酒，是為Ycoden-Daute-Isora DO產區。當地最知名的酒莊Viñatigo致力於多樣品種的再發現，特別是許多有趣的白葡萄，如口感圓潤、有香瓜和蜜桃濃香的Marmajuelo、濃厚多酸的Vijariego、帶柳橙及花香的Güal，以及源自馬德拉島的Verdello等。黑葡萄則有喝來肥美濃厚的Babosa。

225

藍扎若迭島上的葡萄農其實更像是地景藝術家，細心修整的圓形大坑裡只能種植一棵葡萄樹

島的南邊有兩個DO產區Valle de Güimar和Abona，面積都不大，主產白酒。Valle de Güimar雖比北部多陽光，但有些葡萄園位在1,000多公尺的涼爽區域，日夜溫差也大，Listán Blanco在這裡可釀成較少草香、多花果香氣的優雅風味。Abona雖然產的白酒較多，但紅酒也具潛力，如El Topo酒莊產的Babosa，柔和甜美，還兼具熟果、香料和礦石風味。

▌LANZAROTE

位處最東邊的藍扎若迭島則是完全另一幅景象。面積只有845平方公里的島上布滿大大小小數以百計的火山錐和冷卻的熔漿。島中央在1730年代的大噴發時又多出三十多個火山錐及成片的熔漿地。因海拔高度不高，很難擋下水氣，是一個年雨量僅200公釐的亞熱帶乾熱島嶼。離非洲僅125公里，除了常有偷渡客，也常會有來自撒哈拉沙漠（Sáhara）、非常乾熱強烈的東風蒞臨，除了仙人掌和椰子樹，很少有其他植物可以承受這樣的風。葡萄的種植幾乎不可行，但藍扎若迭島的葡萄農用一種近乎奇想的方式來種植葡萄。

他們在島中央la Geria的黑色沙地上挖出一個個直徑3-6公尺、深1-3公尺的深坑，在坑底種植一棵葡萄樹，如果不夠深，沙坑的東邊會再以火山熔岩石塊堆起防風的矮牆。除了防風，這樣的沙坑還有收集雨水及露水的功能。Monje酒莊莊主Felipe Monje說：我們這些在加納利種葡萄的人都是浪漫主義者。看到這樣費工艱難的葡萄園連綿上千公頃，我不得不贊同他這句像是帶點得意的牢騷。

藍扎若迭島以Malvasía葡萄釀成的干白酒和甜酒聞名，3/4的葡萄園種著這個源自希臘的古老品種。藍扎若迭島當地釀成的Malvasía與其他地區頗不相同，不是直接奔放的濃香，反而常有清新的薄荷和青草香氣。極可能是在自然環境中與Marmajuelo雜交產生的別種。

島上最知名的El Grifo酒莊在1775年創立，就建在1730年代的熔漿之上。他們將Malvasía釀成八種不同類型的白酒，除了簡單的氣泡酒，有三款不甜的seco，酒精度都在13%以上，其中collección有清新的青蘋果香氣和圓潤多酸的均衡口感。三款甜酒中，半甜的Semidulce口感輕巧柔和、清爽細膩。即使稍晚收一點的甜酒Dulce，更是優雅細緻，有高雅的橘子花香。很難想像，在這麼炎熱，葡萄如此早熟，7月就已開始採收的Malvasía，可以釀出這麼多新鮮細膩的白葡萄酒。至於加烈甜酒Canari則是混合自1880以來的不同年分，在大型木桶中陳年。最新上市的Canari依規定標著混合年分中最年輕的一年：1997；有陳年的桶味，更濃厚，也更像其他地方產的Malvasía。島上也產紅酒，也是以Listán Negro為主，釀成的酒多草味和火山礦石味。Stratus是新近耗費巨資興建的美式酒莊，三款Malvasía也頗迷人，但價格及酒的風格都不及El Grifo輕巧細緻。

● 1775年創立的El Grifo酒莊也是一家葡萄酒博物館。酒莊直接建在1730年代的熔漿之上，釀造非常多種細緻的Malvasía白酒

La Palma島位在西邊，只有600平方公里卻有2,400公尺的高山。狹迫的地形讓葡萄園只能位在窄小的梯田上。島上的品種也非常

● 經歐洲刺松木桶培養的Vino de Tea有著如藥草般的怪異香氣

多樣，島的東南部主產紅酒，大多以Negramol為主釀成柔和清淡的紅酒。西南部則主產白酒，Malvasía、Güal、Verdello和Listán Blanco是主要品種，干白酒頗清爽多香，但最受推崇的是以Malvasía釀成的甜酒。我品嘗過Juan Matías酒莊的Vid Sur Dulce，14%酒精度，帶著細緻的葡萄乾香氣，甜潤多酸且新鮮均衡，不甜膩，相當可口。La Palma島最奇特的要屬歐洲刺松葡萄酒（Vino de Tea），這是將葡萄酒存放於用歐洲刺松木製成的500公升木桶中培養而成的特殊酒款。紅白酒都有，果味不多，帶有頗濃的松脂及尤加利葉香氣，不是特別可口，且有頗持久的藥草怪味。在本地和安達魯西亞自治區（Andalucía）常被當成藥酒飲用。

巴利亞利群島（Islas Baleares）

位在地中海西邊的巴利亞利群島（Islas Baleares）有著相當溫和的氣候及美麗的沙灘，是歐洲熱門的度假勝地。這裡的環境也頗適合葡萄的種植，大部分的葡萄園都位在面積最大的Mallorca島上。釀成的葡萄酒大部分僅供當地居民和湧入的觀光客飲用，很少出現在外地的市場上。因為島嶼的孤立性，葡萄品種非常多元且獨特，有些甚至是特有種，如Manto Negro、Callet和Fogoneu等黑葡萄，以及Moll或稱為Prensal Blanc的白葡萄。不過西班牙的田帕尼優（Tempranillo）、Monastrell和法國的卡本內－蘇維濃（Cabernet Sauvignon）、梅洛（Merlot）和希哈（Syrah）也都有引進種植。

以石灰岩為主的Mallorca島上有兩個DO產區，不過葡萄園面積不大，不到1,000公頃，大多種植在肥沃的紅色石灰黏土地。島中央的Binissalem DO產區主要生產由當地特有品種Manto Negro所釀成的香濃厚重多酒精的紅酒。也產一些粉紅酒及白酒。島上東南部的Plá i Llevant DO產區主要以Callet、Manto Negro及Fogoneu葡萄混合其他外來品種，釀成地中海風味的紅酒。除了DO等級的酒，各島如Mallorca、Illa de Menorca、Formentera和Ibiza等也有各自的地區餐酒，除Ibiza島上的Evissa外，產區名都與島名相同。

VINOS DE PAGO

直到出現Vino de Pago這個概念前，

西班牙在葡萄酒的法令和分級制度上並沒有太多特出的地方。

有人樂觀地認為這將是西班牙的Grand Cru特級酒莊等級。

不過，六年來，

我越來越不確定真的會有這麼一天。

VINOS DE PAGO

相較於歐洲其他產國，西班牙在葡萄酒的法令及分級制度上並沒有太多特出的地方，直到2003年出現了Vinos de Pago這個概念，並付諸施行。雖然讓人感到疑惑混淆，卻也有些意思。

法國嚴格規範獨立酒莊domaine或城堡酒莊château都必須使用自有葡萄園產的葡萄釀酒。在西班牙就沒有這麼嚴格，即使有些酒廠叫dominio（莊園）或viña（葡萄園），但都可買進葡萄或甚至葡萄酒，然後裝瓶上市。2003年的Vinos de Pago在概念上首度對自有葡萄園的獨立酒莊做了規定跟定義，而且也間接鼓勵西班牙頂級酒莊成為只用自有葡萄園釀酒的獨立酒莊。

單單用自家產的葡萄，只是有機會成為Vino de Pago，但最重要的還必須是具有特殊自然環境，而且在國內與國際上具知名度的酒莊。自2003年起，Vinos de Pago在西班牙是一個葡萄酒等級，必須向自治區政府提出申請，經審核通過者才能成為Vino de Pago。獲得此地位的酒莊實質上是以單一酒莊擁有類似DO產區的身分。

● 西班牙第一家Vino de Pago：Dominio de Valdepusa

在西班牙的土地上，有全世界最廣闊的葡萄園，幾乎全國各處都可種植葡萄釀酒。西班牙的DO（Denominación de Origen）和DOCa（Denominación de Origen Calificada）產區也已擴增至六十多個之多，且範圍涵蓋了西班牙大部分的葡萄園。但即使如此，仍有些生產頂尖葡萄酒的地方並不在DO產區內，只能以一般的地區餐酒銷售。西班牙酒界名人、擁有Marqués de Griñon侯爵頭銜的Carlos Falcó，他的酒莊Dominio de Valdepusa

● 位於Montes de Toledo山區的Vino de Pago：Dehesa del Carrizal

● Navarra自治區第一家Vino de Pago：Pago Senorio de Arinzano

就是個典型的例子，位在卡斯提亞－拉曼恰自治區（Castilla La Mancha）的Toledo省內，因位置偏處西邊、剛好位在Méntrida DO的範圍外。Carlos Falcó曾在加州大學戴維斯分校（University of California, Davis）修習釀酒學，是名科學主義者，他自己也是葡萄酒作家；釀的酒確實頗具水準，但卻完全背離西班牙的傳統。Dominio de Valdepusa也成為最早擁有Vino de Pago身分的酒莊。

從此角度看，西班牙透過這個新制度，讓想要開創新局的酒莊有機會得到體制內的地位，而且這個地位甚至可能比一般DO產區更崇高，因為即使原已在DO產區內的酒莊，也有可能成為Vino de Pago，與同DO產區內的其他酒莊區分開來。2007年底通過，那瓦拉自治區（Navarra）內的Pago Señorío de Arínzano即是一例，其葡萄園原用來生產那瓦拉DO產區的葡萄酒，但現在卻可直接稱為Pago Señorío de Arínzano。

Pago並非新創的字，很多酒莊都以pago為名，例如Vega Sicilia原本稱為Pago de la Vega Santa Cecilia，為了免除混淆，2005年後已不可再新註冊pago為酒莊或廠牌名，不過舊有的卻可繼續沿用。

Vinos de Pago審核通過的工作由自治區政府辦理。目前全西班牙七家Vinos de Pago中，包括Pago Señorío de Arínzano、Prado de Irache和Otazu有三家

在那瓦拉（見那瓦拉〔Navarra〕章節的介紹），其他四家都位在卡斯提亞－拉曼恰自治區。除了Dominio de Valdepusa，分別是Albacete省的Finca Elez和Pago Guijoso、Ciudad Real省的Dehesa del Carrizal。這幾家酒莊產的酒除了田帕尼優，大多是種植卡本內－蘇維濃（Cabernet Sauvignon）、希哈（Syrah）等法國品種。有些酒莊的位置確實有趣，例如海拔高度相當高超過1,000公尺，不過並非全都是精采難得，也很難將他們視為Grand Cru等級。

▌DOMINIO DE VALDEPUSA

● Dominio de Valdepusa酒莊裝設有維管束濕度感應器的葡萄園

在歐洲，葡萄的種植及釀造雖都是非常專業的學科，但大部分的頂尖酒莊都寧可將之視為是傳統的技藝，或甚至是一種藝術。特別是在頂級酒的領域，科學似乎被當成是商業化大量生產，以及喪失傳統和土地風味的幫凶，而科學技術的可複製性更讓頂級葡萄酒有喪失獨特性的危機。不過Dominio de Valdepusa卻是一家一切講究科學並大力宣揚科學價值的精英酒莊。

貴族出生的Carlos Falcó是酒莊莊主，他除了繼承Marqués de Griñon這個侯爵的頭銜，還包括一片自1262年就為家族所有的3,000公頃莊園Dominio de Valdepusa。1970年代，當他在加州大學戴維斯分校修習釀酒學時，開始發現他位在西班牙中部高原上的這片莊園具有極佳的葡萄種植潛力，那裡原本是作為狩獵用的森林，也種了一些穀物和橄欖，在教授的鼓勵下，他引進法國的卡本內－蘇維濃、夏多內（Chardonnay）、希哈和小維鐸（Petit Verdot）等品種實驗性地種植，請來澳洲的葡萄種植專家Richard Smart教授建立完

232

全依照日照及氣候條件所設計的引枝法，且在葡萄園裝設西班牙最早的葡萄園灌溉系統。釀造部分則聘請波爾多的Michel Rolland擔任顧問。

他用新世界的科學和法國品種在從未種植過葡萄的西班牙土地上，釀造出新式風格的西班牙酒，非常容易就引起酒業的注意，經過多年的實驗，1989年正式成立酒莊，開始推出許多在西班牙稱得上是畫時代的酒款。1991年推出西班牙第一瓶100%的希哈紅酒。1993年推出引起全球側目、第一瓶100%的小維鐸；過去這個波爾多品種因為品質不是很穩定，只能混入卡本內－蘇維濃紅酒中增添風味，無法單獨裝瓶，Marqués de Griñon卻透過科學分析及技術釀出當時從未有過、極成熟迷人的小維鐸紅酒。如果說現在這個品種在世界各地引為風潮，發起點並非波爾多，而是這個看似平凡無奇的西班牙高原。

除了單一品種的酒款，混合多種品種的Svmma則相當柔和迷人，而Emeritvs則相當濃縮強勁。

2006年底我拜訪時，酒莊又多了許多新科技，除了葡萄成熟度檢測的GPS衛星定位，最引人的是在葡萄樹幹裝設維管束濕度感應器，以電腦程式二十四小時監控，嚴格管制每棵葡萄樹灌溉的水量和時機，而且灌溉水管埋設在葡萄樹兩側地底下，為免葡萄習慣性依賴人工水源，電腦還設計非規律性地在其中的一側灌溉。在這裡，葡萄樹有如在實驗室裡，全由科學所決定。雖然我總相信最精采的葡萄酒都是自然天成的，但人定勝天的努力也許可為葡萄酒多創造出一些新滋味。例如他們新近釀成、極為驚人的Graciano紅酒。

Finca Elez酒莊和Dominio de Valdepusa在2003年一起成為最早的Vinos de Pago。其所在的區域位在拉曼恰DO產區的東南邊，離產區邊界已有點遠。這片頗荒涼的高原區海拔高度超過1,000

● Dominio de Valdepusa Syrah紅酒

233

● Finca Elez所釀造的Syrah紅酒頗具水準且價格平實

公尺，因為氣候寒冷，過去並不認為是適合種植葡萄的地方，所以並沒有被畫進DO的範圍。此酒莊由演員Manuel Manzaneque在1993年創立，現由兒子負責釀造。白酒為夏多內，紅酒有多款，風格頗均衡多酸，田帕尼優（Tempranillo）為主的Escena是旗艦酒，但Nuestro Syrah和Nuestra selección也都釀得頗為精緻。離Finca Elez不遠，也位在海拔1,000公尺高處的Pago Guijoso則在2005年升級。

Dehesa del Carrizal在1987年建立，位於拉曼恰和Méntrida兩個DO產區間的Montes de Toledo山區。200多公頃的土地只有約22公頃的葡萄園，其餘則為莊主的森林獵場。打獵的風氣在西班牙頗為盛行，擁有廣闊面積的私有獵場是許多有錢人的夢想。能像Dehesa del Carrizal的莊主Marcial Gómez Sequeira一樣在獵場一角種植葡萄，蓋個酒莊釀酒，更是符合富人階層的理想，可彰顯品味，更能將娛樂的支出轉成收入。

這裡主要種植卡本內－蘇維濃，也就是莊主的最愛，後來又種了梅洛、希哈、田帕尼優和夏多內。一開始只有葡萄園，卡本內－蘇維濃運到Dominio de Valdepusa釀造。卡本內－蘇維濃似乎風格頗濃厚粗糙，但混合其他品種的MV和Collección Privada帶著礦石味，卻相當均衡多變化，而希哈甚至更為高雅。相隔不遠，還有1999年創立的Pago de Vallegarcía，也生產不錯的卡本內－蘇維濃和希哈紅酒，正努力地想成為下一個Vino de Pago。

● Finca Elez和Pago Guijoso兩家Vinos de Pago酒莊都位在拉曼恰東南部海拔1,000公尺的山區

Grandes Pagos de España是由二十家分布於全西班牙十五個葡萄酒產區的精英酒莊所共同組成的聯合會。雖有三家Vinos de Pago加入，但與Vinos de Pago並無直接關聯。包括Bodegas Mauro、Finca Sandoval、Celler Mas Doix和Casa Castillo等知名酒莊都名列其間。

附錄

葡萄牙
PORTUGAL

每回到西班牙西部，很難不跨過國界到葡萄牙晃晃。

在這本談西班牙葡萄酒的書裡，也很難不跨界談一下葡萄牙的葡萄酒。

這裡僅收錄關於斗羅河（Douro）及波特酒（Port）的兩篇文章，

希望將來真的有一天可以為葡萄牙寫一本書。

懸崖上的葡萄酒
DOURO WINE

斗羅河（Douro）是葡萄牙最重要的產酒流域，全世界最知名的加烈紅酒——波特酒（Port）就是產自斗羅河谷兩岸險峻陡峭的葡萄園。不僅於此，這段最驚險的斗羅河岸還生產了另一種世界級名酒，無需加烈也不帶甜味，以Douro為名的斗羅紅酒。趁在西班牙Toro DO產區採訪之便，我安排了一趟葡萄牙斗羅河之旅，親自拜訪當地最知名的十家酒莊一探究竟。

● 較上游靠近西班牙的Douro Superior氣候更極端，可以生產更強勁風味的紅酒

　　發源自西班牙的斗羅河在國界的另一邊稱為Duero，西班牙最精英的紅酒產區Ribera del Duero及新近以濃厚紅酒成名的Toro，也同樣都位在斗羅河兩岸。雖然是同一條河，但在上游的西班牙這一邊，即使海拔較高，地勢卻相當緩和，除了偶而出現的低矮丘陵，完全是一望無際的平緩高原。但是，當斗羅河一進入葡萄牙，便遇上了堅硬的花崗岩和頁岩山區，原本緩緩流動的斗羅河水卻硬生生侵蝕出陡峭險峻、相當彎延曲折的湍急峽谷，葡萄園只能擠在斜陡山壁上所開闢出的狹窄梯田上。

Cima Corgo是斗羅紅酒的精華區，葡萄園大部分都是位在如懸崖般的板岩或花崗岩山坡上

　　從這片險奇的景致孕育出的斗羅紅酒，相較於波特酒毫不遜色，品嘗過葡萄牙第一名莊、產自斗羅河的Barca Velha紅酒後，我想大概很少人會否定這樣的看法，至少我喝過的1985及1991年分讓我相信斗羅紅酒絕非只是濃厚粗獷，也不是如Oswald Crawfurd所說的像是一杯加了六滴墨水的平庸布根地紅酒。而是均衡細緻、香氣多變，而且如此耐久。但是1952年就已釀造第一個年分的Barca Velha並沒有馬上改變斗羅紅酒的命運，大部分的酒莊還是挑選出最好的葡萄釀造波特酒，只有當生產過剩時，才生產一些非加烈的紅酒。一直到十年前，斗羅紅酒似乎都只被視為波特酒的副產品。

● 斗羅河的Barca Velha是葡萄牙非加烈酒的第一名莊。現在為Sogrape集團的產業

237

　　葡萄牙的波特酒和西班牙的雪莉酒同樣名列全世界最知名的加烈酒。雖然名氣響亮，但加烈酒和甜酒市場已低靡了相當長的一段時日，連波特酒這樣的知名產區，雖然情況比雪莉酒好一點，但價格也一樣不斷跌到歷史新低。現在市場的主流是不帶甜味的紅酒，而波特酒這種很甜、酒精度又高的加烈紅酒，自然要受到影響。近十年來市場的轉變才讓波特酒商認真加入斗羅紅酒的釀造。例如頂級波特酒最大集團Symington家族

● Quinta do Crasto酒莊主Miguel Roquette

● Quinta do Crasto酒莊的單一葡萄園紅酒Vinha da Ponte

除了自產的Altano、1998年跟波爾多的Prat家族合作生產Chryseia之外，也與Quinta de Roriz合作生產斗羅紅酒。傳統的波特酒商除了Taylor's集團依舊堅守，大部分都投入斗羅紅酒的生產和釀造。但真正推動斗羅紅酒的力量主要還是來自Quinta do Crasto、Quinta do Vale Meão等許許多多的獨立酒莊，以及Niepoort和Ramos Pinto這些小型的波特酒商。

　　「也許，葡萄酒迷得先忘記波特酒，才能真正認識斗羅紅酒，以及它迷人的獨到之處。」Quinta do Crasto的莊主Miguel Roquette對著壯闊的斗羅河谷美景跟我說了這樣一段話。現在他的酒莊所生產的單一葡萄園紅酒Vinha da Ponte每瓶售價已到達上百歐元，即使是最頂級的年分波特酒，也很少可以達到這樣的價格。Quinta do Crasto已名列斗羅河的經典名莊，且也吸引了波爾多（Bordeaux）的Jean-Michel Gazes前來合作生產新風格的Xisto紅酒，但他依舊擔心在海外市場上僅會被當成是不帶甜味的波特酒。也許正因為這樣的原因，現在斗羅河的精英酒莊間，即使各自釀成風格殊異的葡萄酒，卻有著無比的團結和共同努力的目標，甚至組成一個叫Douro Boy的聯盟共同推廣斗羅河的葡萄酒。

　　由Quinta do Noval的前任莊主Cristiano van Zeller創立的Quinta do Vale Dona Maria是我這次拜訪的第一家酒莊。1993離開Noval後Cristiano重整這個

屬於他太太家族的莊園，1996年推出第一個年分，成為新式斗羅紅酒的先鋒。所謂的新式，其實指的是酒的風格，更多的細緻及均衡，也更加精英主義，但方法也許更加傳統、更加手工藝化。為了方便，許多斗羅紅酒跟全世界各地的葡萄酒產區一樣全都在控溫的不繡鋼桶中進行發酵，但在Vale Dona Maria卻重新沿用傳統的、非常寬矮、稱為Lagare的花崗岩石造酒槽，用人工配合機器腳踩的方式進行泡皮及釀酒。現在大部分的精英酒莊都至少局部採用這樣的釀造和泡皮法來釀酒。

Quinta do Passadouro的釀酒師Jorge Serodio Borges說：「在別的地方，釀酒師只要調好溫度，每天自動淋汁多少小時即可，我們則有些不同，我們每天早上品嘗完石造酒槽內發酵中的酒，然後決定今天需要多少雙腳進去踩，要分幾次踩，每次踩多久，用力踩還是輕輕攪拌。」在我們這個自動化時代聽來似乎有些匪夷所思，但他很認真地邀請我採收季時一定要再來，因為每年都很缺踩葡萄的雙腿。在參觀Quinta do Vale Dona Maria時，我從西班牙帶了一包Gijuelo的伊比利生火腿（Jamón Ibérico）當禮物，女釀酒師Sandra Tavares於是邀請我晚上到他們位在懸崖上的葡萄園小屋晚餐。他的先生正是Jorge Borges，早年Jorge跟姊姊合作釀造Vinha do Fojo，之前更是Niepoort的釀酒師，全都是葡萄牙最受矚目的酒莊，現在他和Sandra共同釀造的Pintas斗羅紅酒是全葡萄牙最當紅的膜拜酒。

● 位在Vale de Mendiz谷底的Quinta do Passadouro酒莊

當晚品嘗了這對充滿才華的年輕夫婦所釀造的多款葡萄酒，我試著比較2003年分的Vale Dona Maria、Pintas和Passadouro Reserva，前者非常明顯有著奔放的成熟果香，口感圓潤濃厚，非常熱情外放；後者卻是另一極端，非

● Quinta do Passadouro的釀酒師 Jorge Serodio Borges，身後為種著七十年老樹的Pintas葡萄園

● Quinta do Vale Meão的莊主Francisco Olazábal

常古典內斂，緊澀的單寧卻有著細膩高雅的質感，非常冷靜嚴肅的風格，而居間的Pintas卻似乎是兩者的完美融合。兩天後我去參觀Pintas的葡萄園，雖然2001年才開始第一個年分，但他們在Pinhão河谷的葡萄園種著七十年的老樹，而最匪夷所思的是，在僅2公頃大的陡峭葡萄園裡卻混種多達三十多種葡萄品種。望著我的驚訝眼神，Jorge很輕鬆地說他根本無法辨識每個品種，採收時全部一起採收一起釀造。這時我才恍然大悟原來Pintas的均衡及豐富，其實來自混種混釀的傳統，無需精心調配自然就釀成這般精采的酒來。

　　第二天我從Pinhão往下游來到位在Corgo河谷的百年酒莊，由葡萄牙酒業世家Ferreira家族所有的Quinta do Vallado。雖是歷史名莊，但1995年才開始生產斗羅紅酒，釀酒師是Quinta do Vale Meão的莊主Francisco Olazábal，他也帶來了自家的葡萄酒一起品嘗。Quinta do Vale Meão原本也是屬於Ferreira家族的產業，傳奇的Barca Velha當年即是產自這個位於斗羅河上游、氣候更乾燥酷熱的葡萄園。比較2004年的Vallado Reserva和Vale Meão，很明顯就能分出斗羅河下游與上游間的差別，後者混合三種葡萄釀造，顏色深黑，有著強勁緊澀的單寧和極濃縮的果味，是非常大尺寸的重量級紅酒。前者混合四十多個葡萄品種，不僅香氣豐富，且有著如絲般細滑的單寧質地，非常可口迷人。

　　小型精英波特酒廠Niepoort自1991年起也開始生產斗羅紅酒Redoma。酒廠設在Tedo河谷的Quinta de Nápoles，原本的釀酒師Jorge離開後，現在由Luis Seabra接手，酒的風格也變得更加獨特，且以葡萄牙的標準來看還有點驚世駭俗。除了將南部Dão產區的酒混進斗羅紅酒所釀成的Dado外，最頂級的紅

● Niepoort的釀酒師
Luis Seabra

● Quinta do Vallado
酒莊主Francisco Fer-
reira

酒Batuta更是以超長六十天的時間泡皮而成，比一般
十到二十天的時間還要多出一倍以上，但如此大膽的
釀法最後卻成就出非常高雅精巧的風味，相當奇特。

斗羅河的白酒不多，但Niepoort的干白也一樣奇
特精采。在試完百年老樹釀成的Redoma Reserva後，
Luis問我最喜歡的白酒為何，我說應該是阿爾薩斯
（Alsace）的麗絲玲（Riesling）吧！他很自信地說：
「你試試這瓶吧！應該差不了多少。」果然，充滿礦
石香氣，且非常多酸，這正是產自附近山區，實驗中
的2004 Riesling Projecto。另一款以Codega葡萄釀成的
Tiara也有難得的清新果味及強勁酸味，並帶著斗羅河

● Niepoort酒莊以超
長六十天的時間泡皮
而成的Batuta紅酒

招牌的礦石味。如果沒有Niepoort，我想我不會開始相信斗羅河白酒其實也
具有難以想像的潛力。

雖然Quinta do Crasto和Quinta de Napoles僅隔著斗羅河相望，但必須搭
渡輪過河，開車繞過如麻花般彎延曲折的山路才能到達，所幸天色已晚，
看不太清楚路況有多驚險。Quinta do Crasto是個歷史悠遠的莊園，但一直到
1994年才開始生產斗羅紅酒，且大膽雇用了澳洲來的Dominic Morris擔任釀
酒師，引進許多新的釀酒設備和理念，現也擠身精英名廠之林，除了Vinha
da Ponte和Vinha Maria Teresa兩款單一葡萄園紅酒，Crasto也以釀造單一品種
的紅酒聞名，特別是100%的Touriga Nacional有如繁花盛開般的奔放香氣。和

241

Château Lynch Bages的莊主合作的Xisto因採用來自斗羅河上游的葡萄，風格相當濃厚甜潤，帶些粗獷氣。

在Pinhão的三天雖住在兼營民宿的Quinta de la Rosa，卻完全排不出時間參觀酒莊，自從2002年Jorge Moreira到這裡擔任釀酒師後，la Rosa的斗羅紅酒變得相當精采，至少我品嘗的2002 Quinta de la Rosa是如此，且價格仍相當便宜。我繼續前往斗羅河下游的波特城採訪波特酒商，也順便品嘗不少斗羅紅酒，其中最精采的要算是Ramos Pintos了，現任釀酒師Joâo是斗羅紅酒之父Fernando Nicolau de Almeida的兒子，Barca Velha正是由他父親於1952年所創。Joâo所釀造的紅酒Duas Quintas無論是一般或是Reserva等級，都以柔和優雅見常，相當均衡協調，僅有Reserva Especial帶著斗羅紅酒的強勁和粗獷。至於Prat與Symington合作的Chryseia和二軍酒Post Scriptum，則採用波爾多式的釀造和培養方式，卻釀成以斗羅紅酒的水準來說相當柔和輕巧的風格。

● 位在斗羅河岸邊的 Quinta de la Rosa酒莊

時代變遷改變了人們的飲酒習慣和喜好，市場的變動之間，為看似數百年不變的葡萄酒名產區帶來動力和引力，這股新的創造力量讓全新的葡萄酒風格成為可能，斗羅河的紅酒是其中最精采的例子。在這個加烈紅酒的聖地裡，從來沒有像現在這般生產著這麼多樣多變，從波特酒的根基裡所釀成的高雅及精緻，一種葡萄牙從未有過的迷人風味。

● Ramos Pintos的釀酒師Joâo Nicolau de Almeida

波特酒經典酒商風格
PORT SHIPPERS AND THEIR STYLES

跟香檳（Champagne）一樣，波特酒（Port）也是講究調配和培養的葡萄酒，最精采頂級的不一定全來自單一酒莊，有時也不一定來自單一年分，透過釀酒師調配成的酒商風格更是波特酒最珍貴迷人的地方。自1986年起，除了位在Vila Nova de Gaia市的傳統波特酒商，獨立的波特酒莊也開始裝瓶銷售自家生產的單一酒莊波特酒，讓現在的波特酒業出現了像Pintas、Quinta do Crasto、Quinta do Vallado、Quinta do Vale Dona Maria、Quinta do Vale Meão、Quinta de la Rosa和Quinta da Romaneira等精采精緻的獨立酒莊波特酒。

但無論如何，就像在香檳一樣，獨立酒莊（RM）生產的香檳雖然也有精采之處，但卻取代不了這些香檳大廠下的經典風格，波特酒也是如此。拿最讓人景仰的Taylor's為例吧！他們的年分波特酒可以有今日的名氣，是自1900年以來二十八個年分所共同累積起來的，是自有酒莊Quinta de Vargellas的強勁堅實混合Quinta de Terra Feita的豐滿口感和豐盛香氣而來的完滿均衡。而陳年的Tawny可以如此豐富，是因為他們酒窖裡存有上溯到1806年、數十個年分的陳酒供釀酒師調

243

配。也許在別的葡萄酒產區可以很快成為知名的酒商，但在波特酒，要建立經典的風格卻常常需要跨世紀的努力和時光。

對一瓶葡萄酒風格的理解和鍾愛，常常是兩件不同的事，各家酒商的評價和價格也許可以分出高下，但酒莊風格卻沒有高下之分，關鍵之處在於這樣的風格是否觸動了味蕾的神經和思緒裡的悸動，讓人因為這樣的風味而興起愛慕之情。這是葡萄酒最神秘的地方，就如同我知道自己對Taylor's的景仰，但卻無法解釋自己對Ramos Pinto的愛，那好比我對Bollinger的景仰，以及對Billecart-Salmon的傾慕。總之，在前後三趟的斗羅河、波特酒的酒莊及酒商之旅，我窺探了波特酒商的迷人之處，以及試著探尋這些風格的源頭。我試著爬梳以下印象最深刻的九家波特酒商的風格。

▍COCKBRUN

在多家國際酒業集團間轉手多回的Cockburn即使稱不上精英頂尖酒商，但卻一直是最知名的波特酒廠之一，Cockburn所生產的Special Reserve Ruby濃郁且多莓果味，相當可口易飲，是年產數百萬瓶的暢銷波特酒，也是許多人入門的第一瓶波特酒。現在Cockburn落入波本威士忌（Bourbon Whiskey）酒廠Beam之手，但釀造的部分則由Symington家族負責，可以確定的是，這家獨擁300公頃葡萄園的波特酒名廠，將有機會再回到1960年代的黃金時

期。Cockburn的波特酒在風格上大多偏柔和順口，連年分波特酒也是如此，雖然好喝，但稱不上高雅，也很難討喜好精英口味的葡萄酒作家的喜愛。不過無論如何，Cockburn迷人的地方也在於豐滿可口的多情風格，非常容易理解，充滿人性和容易親近的個性。

● Cockburn即使連年分波特都有較柔和的口感

▌DOW'S

　　1798年，葡萄牙人Bruno da Silva從波特前往倫敦創立Silva & Cosens酒商，同年英國人Samuel Weaver則來到波特設立Dow's，九十年後兩家酒商在1877年合而為一。掌控了超過1/4以上頂級波特酒市場的Symington家族則在1961年買下Dow's，成為他們家族最重要的波特酒廠之一。

　　Dow's的波特酒以少甜美多強勁的老派英國風味聞名，是相當經典的波特酒名廠，以年分波特酒和Crusted Port最為著名。Dow's的波特酒發酵時間常稍長一點才加進白蘭地（Brandy）停止發酵，讓酒的甜味稍低，以突顯酒的強健和深厚。Dow's擁有三家酒莊，其中最重要的是Quinta do Bomfim，位在Pinhão鎮旁的斗羅河畔，生產非常強勁濃厚、單寧澀味多，甚至有時帶點

● Dow's以少甜美多強勁的老派英國風味聞名

● 堆滿陳年年分波特的Dow's酒窖

粗獷野性的波特酒，Dow's的年分波特酒主要來自這家酒莊，是奠定Dow's
風格的主要根源。在沒有生產Dow's年分波特酒的好年分，Quinta do Bomfim
也會推出單一酒莊波特酒。Dow's的LBV（晚裝瓶年分波特酒〔Late Bottled
Vintage〕）和Crusted Port，也都維持著同樣的風格，有著接近年分波特酒的
水準。

▌FONSECA

　　Richard Mayson說，Fonseca是許多波特酒商在自家的波特酒之外的最
愛。確實，要不愛Fonseca的波特酒確實相當困難，那是一種洋溢著青春美
貌，同時如巴洛克（Barocco）般華麗豐腴的波特酒，永遠有著新鮮的奔放
果味，襯著富饒甜美的口感，非常性感迷人，是一種讓人甘願為此下地獄
的享樂風格。我在Taylor's集團的釀酒實驗室遇到首席釀酒師David Fonseca
Guimaraens，他的曾曾曾祖父在1822年創立了Fonseca，現在他同時負責調配
Fonseca和Taylor's等四家酒商的波特酒。他跟我透露Fonseca的Tawny風格，
有一部分原因在於將非常年輕的波特酒與極老的波特酒加在一起，而其他

● Fonseca的波特酒
常有著非常性感迷人
的享樂風格

酒商的Tawny則大多用年分相近的陳年酒混合而
成。Tawny的熟成年限的標示是採平均值，例如
50%的五十年的陳酒加入50%的十年陳酒，會成
為三十年的Tawny。David雖然無法透露是加了那
些年分，但至少解釋了為何Fonseca在二十年和
三十年的Tawny中，可以保有這麼多令人驚喜的
迷人果味。

　　Fonseca幾乎全系列的波特酒都保有這樣的風
格。Ruby是價格最低廉的波特酒，能有精采表現
的並不多，Fonseca的Bin No. 27把Ruby該有的新
鮮和活潑全然體現出來，是我心中的Ruby首選，
價格比其他酒商的Ruby高，但非常超值。

GRAHAM'S

這家在1820年由來自蘇格蘭的Graham家族所創立的波特酒商，雖然晚至1970年才成為Symington家族的產業，但無疑地，Graham's卻是Symington家族所擁有和經營的眾多酒商及酒莊中的第一旗艦名廠。Graham's在斗羅河谷擁有四家酒莊共248公頃的葡萄園，其中最著名的是Quinta do Malvedos和Quinta das Lages，是Graham's年分波特酒的主要來源，在沒有出產年分波特酒的好年分，Malvedos也會出產單一酒莊年分波特酒。Malvedos跟其他兩家酒莊都位在更上游、氣候更乾熱的Douro Superior，生產更甜熟也更強勁濃厚的波特酒，而Lages則是位在南邊的Torto河谷，出產均衡優雅、較多香氣變化的細緻波特酒，Graham's著名的年分波特酒大多是結合這兩區的波特酒調配而成，架構成Graham's比其他Symington波特酒廠更甜潤、更豐富多變及更厚實多肉的風格，同時維持均衡和細膩明析的細節。

這樣的風格也出現在Graham's的晚裝瓶年分波特酒LBV裡，濃厚且充滿甜熟的果味。另外同樣來自自有莊園葡萄的Crusting Port和Six Grapes也一樣有著這樣龐大、充滿著自信和分量的Graham's風格。

● Graham's 三十年和四十年的陳年Tawny

● Graham's用來培養LBV和年分波特的大型陳年木槽

NIEPOORT

　　1842年創立的荷蘭裔酒商Niepoort稱得上是波特酒界的怪傑，釀造出非常獨特且精采迷人的葡萄酒，他們在生產斗羅河谷不甜的葡萄酒上也一樣特立獨行。現在莊主Dirk Niepoort本人似乎融合了嘻皮式的搞怪和城市精英品味的雅痞格調。他看似衝突的個性加在波特酒的古老傳統上，的確顯出非常迷人的Niepoort風格，雖然也有不少人批評Dirk老是踩著別人行銷自己。但無論如何，Niepoort的波特酒包括Dry White Port、二十、三十年和單一年分Tawny，以及LBV等都有個共同特性，那就是多酸，以及因為酸味所帶來的清新及均衡，而這正是波特酒最難掌握的部分。

　　Niepoort的入門酒是一對稱為Junior Tinto和Senior Tawny的波特酒，非常現代且易懂易喝。Niepoort的年分波特酒有著相當難親近的風格，非常澀，方正嚴肅，沒有儲存二十、三十年別想開瓶。從1999年起，Niepoort推出另一款年輕早喝的年分波特酒Secundum，他直接用莫札特（Mozart）來比喻這款年輕討喜的波特酒，然後話鋒一轉，把他的年分波特酒比喻成巴哈（Bach）的音樂。總之，波特酒新手最好不要輕易嘗試。

● Niepoort的波特酒常有較多的酸味，常顯得特別清新及均衡

● Niepoort也生產其他酒商較少推出的Colheita單一年分Tawny

▎NOVAL

　　波特酒的釀造和培養是分開的兩個世界，葡萄園和釀酒都在上游的斗羅山區，培養及裝瓶則在斗羅河口的Vila Nova de Gaia，即使1986年後上游的酒莊也可以裝瓶出口，但知名的大型酒商依舊留在Vila Nova de Gaia，在斗羅山區培養波特酒的幾乎都是小型的獨立酒莊（quinta）。1981年在Vila Nova de Gaia的培養酒窖遭逢大火的Noval是少數的例外，1986年後遷移到Pinhão河谷的Quinta do Noval，成為以酒莊為家的酒商。乾熱的斗羅山區常讓培養的速度加快且變得更甜和更多焦糖香氣，Noval的酒窖必須全年採用空調控溫以降低氣候的影響。

　　1715年建立的Noval在1993年成為法國保險集團AXA Millésimes的產業。Noval因生產傳奇的Nacional單一葡萄園年分波特酒而聞名全球，名列波特酒的精英級酒莊。1925年種植，只有2.5公頃、六千棵葡萄樹的Nacional位在酒莊朝北山坡的梯田上，因沒有嫁接砧木，葡萄長得比較不那麼茂盛，葡萄串小，產量也非常少，在Touriga Nacional和Touriga Francesa之外還種植較少見的Souzão葡萄，常釀造出非常厚實、有著奇異香味的年分波特酒，產量僅約兩千瓶。除了Nacional，Noval還推出一般的Quinta do Noval和Silval兩個年分

● 1963年傳奇年分的Quinta do Noval單一葡萄園Nacional年分波特

● Quinta do Noval是少數將培養酒窖遷往山區的波特名廠

波特酒，也都有相當高的水準，在年輕時比其他酒商多一些木香，雖然前者更深厚跟協調，但Silval也有極類似的架構。

▋RAMOS PINTO

相較於其他三百多年的老廠，1880年由Adriano Ramos Pinto創立的Ramos Pinto只能算是一家年輕的波特酒商，當年Adriano為了打響名聲，靠著驚世駭俗的裸女圖建立其在巴西市場上的名氣。雖然曾靠著行銷成名，但Ramos Pinto的波特酒風格卻也一樣獨樹一格，即使大部分酒評家都不是特別欣賞他們的年分波特酒，但在我心目中，Ramos Pinto一直是最柔美細膩的波特酒廠，特別是他們單一酒莊Quinta do Bom Retiro產的二十年Tawny，將Tawny波特酒的均衡、優雅、豐富及精巧表現到極致，幾乎沒有其他波特酒廠可與比擬。

雖然現在Ramos Pinto已是香檳名廠Louis Roederer的產業，但酒廠的靈魂人物依舊是當了三十年釀酒師的João Nicolau de Almeida。他站

●1880年創立的 Ramos Pinto只能算 是一家年輕的波特 酒商

● Ramos Pinto的Quinta do Bom Retiro 二十年Tawny，是我品嘗過最細膩均衡 的Tawny

在實驗室內成排上百款供他調配的樣品酒之前讓我拍照，那場景確實如他所說，波特酒的調配工作就像是交響樂團的指揮。曾在波爾多大學（Université Bordeaux）研習釀酒的João對於不甜的葡萄酒一樣充滿熱情，而這也顯現在Ramos Pinto的波特酒裡，對於還不習慣波特酒的葡萄酒迷而言，Ramos Pinto是相當好的橋樑，João所調配的波特酒總是帶著如不甜紅酒式的均衡，20%的酒精度總被小心收藏在果味及甜潤之後，很少顯露出來，除了Tawny，大部分的LBV也都相當細緻精采。也許過於仔細小心，Ramos Pinto的年分波特酒較難顯出Vintage該有的厚實和強勁力量，但也比較早熟適飲。

▌TAYLOR'S

1692年創立的Taylor's是歷史最久的英國酒商之一，在許多葡萄酒作家眼中是眾家酒商之首；一直有人把Taylor's稱為波特酒裡的拉圖堡（Château Latour）。這樣的形容確實貼切，不過應該說是針對Taylor's最膾炙人口的年分波特酒說的。如果從價格來看也是如此，除了Noval產量幾乎微不足道的Nacional，沒有其他波特酒商的年分波特酒可以超越它。

● Taylor's的酒風有如波爾多的拉圖堡般有著嚴謹密實的架構

Taylor's自1900到2003年的一百多年間，推出了二十八個年分波特酒，其中大部分都有非常嚴謹密實的架構，配上深厚壯碩的肌理，以及波雅克村（Pauillac）裡風格向來以雄偉壯闊聞名的拉圖堡確實有神似之處，Taylor's特有的剛強個性讓其成為最接近古典主義精神的波特酒商。但也無可避免要常顯得偉大而難以接近，只能靠著漫漫歲月的等待。已經三十多年的1970年分到最近才開始適飲，但幻化多變的迷人香氣及飽滿絲滑的圓熟口感，確實像極了帶著甜味的頂級波爾多陳年珍釀，而三十年的等待，確實值得。

● Taylor's在過去的一百多年間，推出了二十九個年分波特酒（包括剛上市的2007年分）

不過，我並不像英國人那般認為趕早喝年分波特酒是焚琴煮鶴的惡行，我是巧克力迷，能配得上頂級產地黑巧克力的，唯有年輕剛上市的年分波特酒。例如Taylor's剛上市的2003現在正是果味充沛的美妙時刻，單寧澀味完全被甜潤所包圍，但也許再過幾年就要封閉起來了；而1985和1977年分現在似乎正陷入封閉期，還需要再等上一陣子。

251

Taylor's除了年分波特酒著名,也是晚裝瓶年分波特酒LBV的始祖,一樣是特別濃厚強勁的風格。Taylor's的Tawny也相當精采,十、二十、三十和四十年的Tawny都是走精巧的細緻風格,以十年和二十年最為精采,而四十年雖濃厚多酒精,但已經是同年Tawny中最優雅之一。

WARRE'S

創立於1670年的Warre's是第一家設在葡萄牙的英國酒商。在1960年代成為Symington家族的產業。在Symington家族眾多的波特酒廠中,Warre's表現的是比較優雅靈巧的風格,跟同屬Symington的Dow's比起來,少了一些帶著野性的強勁力量,也比Grahams少了些豐厚肌肉,但卻常有更明晰的細節,有些Warre's的年分波特酒也一樣有著頗為結實的結構,有著相當好的耐久潛力。Warre's在斗羅河谷擁有五家酒莊,其中位在Pinhão河谷的Quinta da Cavadinha是Warre's的年分波特酒最主要來源,跟大部分名廠一樣,在沒有推出年分波特酒的好年分,也會釀造單一酒莊年分波特酒,新年分的Quinta da Cavadinha包括2001和1998等,都有相當優雅的均衡表現,這也許是Warre's風格的來源所在。

Warre's最受矚目的Tawny是Otima,除了透明半公升裝的新奇瓶子,Otima在風格上也很新式迷人,均衡、可口、餘味綿長,相當討喜卻又夠精緻的摩登風味,十年的Otima雖以傳統的核桃和焦糖的香氣為主,但伴著非常清新均衡的酸味,二十年有更豪華的香氣,口感也更濃厚。

● Warre's所擁有的名莊Quinta da Cavadinha設有仿人腿的機器踩皮機

● 在Symington家族眾多的波特酒廠中,Warre's表現的是比較優雅靈巧的風格

波特酒（Port）的種類

波特酒的種類相當多，口味和風格都不相同，一家波特酒商通常會生產多種不同類型的波特酒，大約可分成五大類。

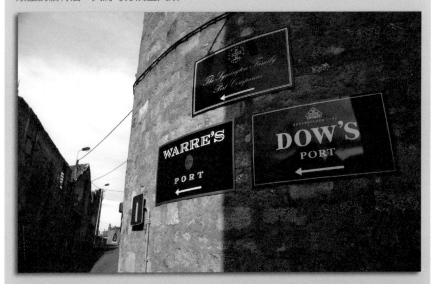

★ 寶石紅波特酒 Ruby 最年輕的一種，大約在大型木槽中培養四年，保有較多的果味，口感柔和順口，通常混合不同年分。有些酒商會將品質較佳的兩、三個年分的葡萄酒混合在一起釀成Crusting Port，是一種類似年分波特酒的頂級Ruby。

★ 陳年波特酒 Tawny 在培養時採用較小的木桶，培養時間長，氧化程度高，顏色較淡，呈淡棕紅色，一般都是混合不同年分調配而成。經過十年以上陳年的Tawny會有較高的品質，一般酒商會以十年為單位，推出十年、二十年、三十年甚至四十年的Tawny，而Colheita則是單一年分的Tawny。

★ 年分波特酒 Vintage 波特酒商在條件特別好的年分則會釀造年分波特酒，通常每十年才會有兩、三個年分生產這種味道最濃、也最珍貴的波特酒。只經兩年的大型木桶培養，年輕時酒色濃黑，甜美豐厚，多單寧，需經數十年以上儲存才會成熟。通常一家酒商會調配不同酒莊的葡萄酒混成年分波特酒，但有時也會獨立裝瓶，稱為單一酒莊年分波特酒（Single Quinta Vintage Port）。

★ 晚裝瓶年分波特酒 LBV 和年分波特酒一樣，採用同一年分的葡萄製成，會經過四到六年的木槽培養才裝瓶。雖然不及年分波特酒來得濃郁，但較快成熟，無需等待太久，且價格便宜很多。

★ 白波特酒 White Port 不及紅酒出名，產量很少，釀法和紅波特酒類似，只是浸皮時間縮短或取消而已。通常也經過橡木桶熟成，除了一般甜味的白波特酒，標示Dry White Port的白波特酒大多含有一點甜味，酒精度也稍低一點。

253

西班牙葡萄品種

　　西班牙擁有全世界最大面積的葡萄園，但知名的國際品種卻不及法國和義大利多。除了從法國引進國際名種，西班牙各產區其實還保存相當多的地方品種。不僅多樣，而且其中有許多還擁有非常獨特的風味和個性，是西班牙獨一無二的葡萄基因寶藏，在近十多年中由新銳的釀酒師開始釀出它們真正的潛力。

白葡萄品種

▌ALBARÍN（BLANCO）

　　主要種植於西北部Asturias自治區的Cangas del Narcea產區及Tierra de León產區，但並不常見。此品種成熟快，酒精度高，但有不錯的酸味。酒體及酸味俱佳時也適合在橡木桶中進行培養。香氣常有非常多的熟果，但也帶有些微草味。

▌AIRÉN

　　曾經是西班牙種植面積最廣的品種，主要種植於拉曼恰地區（La Mancha），是當地最重要的葡萄品種，但面積日減為黑葡萄所取代。主要釀造成產量極大、價格低廉的清淡年輕白酒。比較新式的低溫釀造法可釀造清爽多果香的日常白酒，但酸味不高，頗易氧化也不耐久存。

▌ALBARIÑO 阿爾巴利諾

　　西班牙西部加利西亞自治區（Galicia）的最知名品種，也是葡萄牙北部的常見品種，在當地稱為Alvarinho。相當適合潮濕寒冷的氣候，主要集中在大西洋岸的Rias Baixas產區，除了生產單一品種，也常混合其他加利西亞的地方品種。雖然酒體較淡，但有非常清新的酸味，且微帶圓潤不會特別酸瘦。不同於西班牙的品種大多帶有草香，有相當乾淨新鮮的水蜜桃及檸檬等水果香氣，是目前最優異的白葡萄品種之一。

▌ALBILLO

　　主要種植於Vino de Madrid，在斗羅河岸（Ribera del Duero）也偶而可見，但仍為稀有品種，過去常與黑葡萄混釀成淡紅酒。釀成的白酒口感頗為圓潤，但酸味不多，很容易氧化。

▌GARNACHA BLANCA

　　常見於地中海沿岸產區。如加泰隆尼亞自治區（Catalunya）的Terra Alta和Montsant，在瓦倫西亞（Valencia）也有種植。此品種的香氣不多，但糖分多酒精度高，口感非常圓潤油肥，但酸味不多，適合混合其他品種，單獨釀造則有非常肥厚的質地。

1. Albariño	7. Palomino
2. Macabeo	8. Xarel-lo
3. Garnacha	9. Tempranillo
4. Graciano	10. Treixadura
5. Malvasía	11. Cariñena
6. Monastrell	12. Parellada

GODELLO

西北部加利西亞產區（Galicia）的品種。主要種植於比較內陸地區的Valdeorra產區，常單獨釀造。其他加利西亞產區也有少量種植，但大多混合其他品種。隔鄰的León省的Bierzo產區也有種植。此品種的香氣常以熟果及礦石為主，但不及阿爾巴利諾（Albariño）香，但卻有頗為濃厚的酒體，且同樣有極佳的酸味。採用浸泡死酵母的Sobre lia培養方法時口感更濃厚。此品種也是少數極適合進行橡木桶發酵和培養的的西班牙白葡萄品種。

HONDARRABI ZURI

巴斯克地區（Vasco）釀造Txakoli白酒的最重要品種。很適合當地濕冷的氣候。一般釀成酸味高、酒精度低，帶一些青蘋果和草味的干白酒。

LISTÁN BLANCA

屬於Palomino的別種之一，主要種植在加納利群島（Islas Canarias），以丹娜麗芙島（Tenerife）最為常見。此別種與Palomino相比，有較多的酸味，也有較多的青草及茴香香氣。在島上主要釀成口味清淡多酸味的干白酒。

LOUREIRO

原產自加利西亞，在內陸的Ribeiro產區及Rias Baixas南邊的O'Rosal分區比較常見。通常以極小的比例與其他品種相混合，很少單獨裝瓶。香氣相當濃郁，有水蜜桃及杏桃香，不過卻是以帶桂葉香氣而得名。

MACABEO

在利奧哈（Rioja）稱為Viura，是西班牙北部地區相當常見的品種，在其他地區也偶而可見。因為酸味高，用途頗廣，可釀成干白酒

和氣泡酒，果香不是特別多。是利奧哈最重要的白葡萄品種，因多酸較耐氧化，可經長時間橡木桶培養成多桶味的白酒。也是釀造卡瓦氣泡酒（Cava）的重要品種，通常與Xarel-lo、Parellada混合調配。

MALVASÍA

雖然是原產自小亞細亞和希臘的品種，但在西班牙種植的時間已經非常悠久。釀成的白酒香氣非常濃郁，口感也頗圓潤。主要種植在瓦倫西亞產區和加納利群島的La Palma及藍扎若迭島（Lanzarote），在利奧哈也偶而與Viura混合。因年代久遠，別種頗多，最知名者如產自加泰隆尼亞的Malvasía de Sitge。在藍扎若迭島上雖稱為Malvasía，但很有可能是與Marmajuelo雜交產生的別種，有較多的草味。

MARMAJUELO

加納利群島Ycoden-Daute-Isora 產區的稀有品質。品質頗優秀，香氣濃郁，有香瓜及蜜桃濃香，口感圓潤，為頗具潛力的品種。

MERSEGUERA

瓦倫西亞產區的主要品種，大多釀成帶一點草味的簡單白酒。通常混合一些Macabeo提高酸味。

MOSCATEL 蜜思嘉

蜜思嘉葡萄是歐洲流傳相當廣的品種，也是西班牙最重要的甜白酒品種之一。別種相當多，但都有非常濃郁的香味，包括玫瑰花香、荔枝及甜熟的熱帶水果香氣，而且有口感圓潤、酸味低等特點。在西班牙以帶有青草香的Moscatel de Alejandria最為常見，另外也有一些比較細膩的Moscatel de Grano Menudo。傳統型的Moscatel大多經過非常長的陳年，

顏色呈琥珀色。新式的釀法則較為新鮮可口。馬拉加（Málaga）、雪莉酒產區、阿利坎特（Alicante）、佩內得斯（Penedès）和那瓦拉（Navarra）等地都有以Moscatel釀成的加烈甜酒。

PALOMINO 帕羅米諾

原產於西班牙南部，喜好炎熱乾燥的氣候，是釀造雪莉酒最主要的品種，種植於當地的白色石灰質土Albariza上可以保有不錯的酸味，有95%的雪莉酒是用這個品種釀成。但是Palomino口味平淡，只偶而釀造成一般的干白酒，因產量高，在西班牙北部地區也有種植。品質最佳的別種稱為Palomino Fino，在加納利群島的別種稱為Listán Blanca。

PARELLADA

原產自加泰隆尼亞地區，主要用來釀造卡瓦氣泡酒（Cava）。是三個主要的Cava品種中最難種植也最優雅的一款，比較適合種在海拔較高的地區。酒精度雖低，但口感輕巧柔和且多細膩果香。

PEDRO XIMÉNEZ（簡稱PX）

主要種植於安達魯西亞（Andalucía）的品種，以Montilla-Moriles DO產區種植最廣，馬拉加（Málaga）也頗常見，在雪莉酒產區也有種植。經常在採收後曬成葡萄乾，然後釀成顏色深黑、非常濃縮的甜酒，但也可釀成類似雪莉酒的加烈干白酒，但比Palomino釀成的要粗獷。傳說是由德國軍人Pieter Siemens帶到安達魯西亞的品種而有此特殊的名字。

TORRONTÉS

原產自加利西亞自治區的Ribeira產區，主要混合其他加利西亞品種，很少單獨裝瓶。

阿根廷也有同名的品種，不過與西班牙的Torrontés在風格上並不相同。

TREIXADURA

原產自加利西亞，在內陸的Ribeiro產區及Rias Baixas南邊的O'Rosal分區比較常見。主要用來與阿爾巴利諾（Albariño）混合，有特殊的花果香氣。

VERDEJO

卡斯提亞－萊昂區（Castilla y León）內最重要的白葡萄品種，非常適合本地高日夜溫差的大陸性氣候。主要產自Rueda產區，在拉曼恰地區也越來越盛行。Verdejo在年輕時顏色較偏黃綠，香氣除了新鮮果香，也有較多的青草香氣。酸味相當高，且微有澀味，但亦帶些圓潤，可釀成西班牙較欠缺的清新爽口風味的干白酒。

VIURA（見MACABEO）

XAREL-LO

加泰隆尼亞最重要的白葡萄品種之一，在Alella產區有稱為Pansà Blanca的別種。主要用來釀造Cava氣泡酒。Xarel-lo的糖分較多，釀成的酒酒體較濃厚一些，但風格較粗獷也較少果香，但如果降低產量，亦可釀成經橡木桶培養，濃厚風格的干白酒。

ZALEMA

安達魯西亞Condado de Huelva產區的特有品種。酸味和糖分都低，且容易氧化，常釀成清淡低酒精的簡單白酒。也適合釀成經漫長氧化培養的Oloroso型加烈酒。

黑葡萄品種

BOBAL 博巴爾

　　原產自瓦倫西亞的Utiel-Requena產區，在隔鄰拉曼恰（La Mancha）境內的Manchela產區內也有大面積的種植。Bobal的顏色深，較晚熟，常釀成簡單可口的粉紅酒。如果產量過高，釀成的紅酒酸味高，較瘦一些。但現已可釀出厚實且耐久的精緻紅酒。

CARIÑENA

　　原產於東北部，在法國地中海沿岸也有大量種植，稱為Carignan。屬晚熟品種，適合乾燥炎熱的氣候及貧瘠的土地。酒的顏色深，酒精和單寧含量高，但較為粗獷，通常混合其他品種釀造日常餐酒。種植於貧瘠土地的Cariñena老樹，具有生產優質葡萄酒的潛力。以加泰隆尼亞的普里奧拉產區（Priorat）最為知名，在當地又稱為Samsó。也是利奧哈採用的品種之一，但越來越少見，在當地稱為Mazuelo。

GARNACHA 格那希

　　原產於西班牙東北部，是最重要的黑葡萄品種之一，在中北部及地中海沿岸都有種植。在亞拉岡自治區（Aragón）的產區如Campo de Borja常單獨裝瓶。在利奧哈、卡斯提亞－萊昂（Castilla y León）及卡斯提亞－拉曼恰（Castilla La Mancha）等區則常與田帕尼優（Tempranillo）混合。在地中海岸則多混合Cariñena和Monastrell。在法國的地中海沿岸也廣泛種植，稱為Grenache。成熟期晚，適合炎熱乾燥的氣候。糖分高，釀成的酒酒精含量高，但顏色較淺，香味以紅色漿果和香料為主。老樹較能釀出精采的濃厚珍釀。除了紅酒，在那瓦拉（Navarra）產區亦常用來生產粉紅酒。

GARNACHA TINTORERA

　　此雜交種是法國人Henri Bouschet在十九世紀以其父親培育成的Petit Bouschet和Garnacha雜交產生的新種。在法國稱為Alicante Bouschet。此品種的葡萄汁為紫紅色，可釀成顏色非常深黑的葡萄酒，但香氣和口味都較粗獷，成熟後常出現金屬味。在西班牙主要種植於卡斯提亞－拉曼恰的Almansa產區及鄰近的Alicante和Manchuela。在當地可釀成帶有石墨及草味的濃厚紅酒。

GRACIANO

　　原產自利奧哈的品種，因產量少且不穩定，種植面積不大，現也種植於中部的拉曼恰（La Mancha）和東南部，在南部比在利奧哈容易成熟，較易種植。單寧和紅色素都多，釀成的酒有如墨水一般黑，且酸味非常高，也較常有礦石及藍莓的香氣，很適合小比例添加進田帕尼優紅酒。在加納利群島也有一別種，稱為Tintilla。

JUAN GARCÍA

　　卡斯提亞－萊昂Arribes產區的特有品種，在當地又稱為Malvasía Negra。皮薄，單寧較少，可釀成柔和多果味的簡單紅酒。現已被釀出較濃厚嚴肅的紅酒。

LISTÁN NEGRA

　　主要種植於加納利群島，是當地最重要的黑葡萄品種，以丹娜麗芙島（Tenerife）上的Tacoronte-Acentejo產區最為知名。釀成的酒經常帶有青草和尤加利葉等草系香氣，但也有頗獨特的礦石味。果粒頗大，汁多皮少，單寧較少。在當地也釀成強勁濃厚的老式加烈甜紅酒。

MANTO NEGRO

Mallorca島上的原生品種，有特殊的熟果、礦石及燻香氣味。通常混合當地的Callet釀成香濃易飲的紅酒。

MENCÍA 門西亞

主要種植於加利西亞和卡斯提亞－萊昂的Bierzo產區。在葡萄牙的Dão產區也有種植，稱為Jaen。多果香，單寧柔和。傳統釀成年輕早喝，新鮮多汁的簡單紅酒，在寒冷的海岸區，更常釀成酸瘦的淡紅酒。在Bierzo產區則已釀成更豐厚耐久的紅酒。

MONASTRELL

原產自東部的沿地中海岸區。晚熟健壯，很能適應乾熱的環境。在西班牙常釀成酒精度高、單寧澀味重、常帶有熟果香氣的濃郁紅酒。主要集中在黎凡特（Levande）地區的阿利坎特（Alicante）、胡米亞（Jumilla）和Yecla等產區及周邊地區。在當地也用來釀造Fondillón加烈甜紅酒。在加泰隆尼亞則常釀成柔和可口的粉紅Cava氣泡酒。此品種在法國的地中海沿岸以及澳洲也廣泛種植，分別稱為Mourvèdre和Mataro。

NEGRAMOLL

原產自葡萄牙的馬得拉島（Madeira），在當地稱為Negra Mole。主要種植於加納利群島的Tacoronte-Acentejo產區。大多與Listán Negra混合，為多果味的柔和品種。

PRIETO PICUDO

卡斯提亞－萊昂的Tierra de León產區內最重要的品種。皮多汁少，釀成的葡萄酒顏色很深，單寧很多，酸味頗高，風格較粗獷一些。常被釀成粉紅酒，顏色深，但喝起來頗新鮮。

TEMPRANILLO 田帕尼優

是西班牙最著名、分布最廣的優秀品種，原產於北部，但幾乎在大部分產區都有種植，在各地的名稱及風格都有所差異。利奧哈產區的種植面積最廣，風格也最為優雅，為主要品種，大多混合一些Garnacha和Graciano。在卡斯提亞－萊昂稱為Tinto Fino或Tinto del País，以斗羅河岸（Ribera del Duero）產區最知名，大多單獨裝瓶，可釀成酒體更厚實的濃郁風格。在Toro產區有一別種稱為Tinto de Toro，風格更濃厚粗獷。在卡斯提亞－拉曼恰則稱為Cencibel，風格較為柔和。在加泰隆尼亞則稱為Ull de Llebre。在葡萄牙則稱為Tinta Roriz。

外來品種

西班牙引進的外來品種大多是國際上流行的品種，在黑葡萄方面，有來自波爾多的卡本內－蘇維濃（Cabernet Sauvignon）、梅洛（Merlot）、卡本內－弗朗（Cabernet Franc）和小維鐸（Petit Verdot），後者似乎有特別好的表現。來自隆河區（Rhône）的希哈（Syrah）雖然引進較晚，但卻適應良好，也常能釀出頗精采的紅酒。來自布根地（Bourgogne）的黑皮諾（Pinot Noir）較難適應，除了釀造氣泡酒只產簡單的紅酒。白葡萄則還是以夏多內（Chardonnay）和白蘇維濃（Sauvignon Blanc）最多，格烏茲塔明那（Gewürztraminer）、白梢楠（Chenin Blanc）、麗絲玲（Riesling）和維歐尼耶（Viognier）也偶而可見。在西班牙的法定產區中，包括一些DO（Denominaciòn de Origen）或甚至DOCa（Denominaciòn de Origen Calificada）等級的產區，對外來品種的使用都可能採取較寬鬆的規定，不一定只使用傳統品種。

西班牙葡萄酒分級

西班牙葡萄酒的分級制度表面上看起來比法國來得簡單許多，也沒有像法國和義大利有數以百計的法定葡萄酒產區。但根據西班牙憲法，有關農業的事務屬於各地自治區政府管轄的範圍，每區可能有些不同，在規定上有些錯綜複雜。但無論如何，大致上全國還是有統一的制度，同時也必須符合歐盟的規範。

歐盟將葡萄酒分為品質葡萄酒VCPRD（Vinos de Calidad Producidos en Regiones Determinadas）和等級較低的日常餐酒（Vino de Mesa）兩種。在西班牙所出產的葡萄酒中，已超過1/2以上是屬於VCPRD。這個等級相當於法國的AOC及義大利的DOC和DOCG，都是在特定範圍內依規定的生產方式所釀造成符合規定、並以法定產區為名的葡萄酒。此等級的葡萄酒由各區的管理單位Consejos Reguladores負責控管該區葡萄酒生產及銷售的事宜。

西班牙自從2003年修改葡萄酒法令後，VCPRD等級又分成四個不同的級別。

VINOS CON DENOMINACIÓN DE ORIGEN CALIFICADA

又稱為DOCa，或是加泰隆尼亞語的DOQ。是西班牙最高等級的葡萄酒，生產的標準最高，且必須先成為DO產區十年以上才能申請，是自1988年才開始設立的等級。目前只有1991年最早升級的利奧哈（Rioja）及2001年升級的加泰隆尼亞區（Catalunya）內的普里奧拉（Priorat）兩個產區。預計斗羅河岸（Ribera del Duero）將是下一個升級的DO產區。西班牙並沒有以村莊或葡萄園為名的法定產區，但2009年之後，在普里奧拉DOCa產區內，如果使用同一村莊自有葡萄園所釀成的葡萄酒就可在標籤上標示村名，成為西班牙首創的村莊酒（Vino de Pueblo或加泰隆尼亞語的Vi de Vila）。

DENOMINATIÓN DE ORIGEN

又簡稱為DO，是西班牙最主要的高級葡萄酒等級，生產的標準較高，全國各地已有六十六個DO葡萄酒產區。在西班牙，不同的DO間並沒有等級上的差別，也不允許混合兩個DO的葡萄酒。不過在加泰隆尼亞的Catalunya DO產區卻是特別被允許可混合來自自治區內不同DO的葡萄酒。在1987年成為DO產區的卡瓦氣泡酒（Cava）也是另一例外。產區範圍雖然主要在加泰隆尼亞，但其他相隔遙遠的五個自治區內也有葡萄園可以生產卡瓦氣泡酒。

VINOS DE PAGO

這是西班牙首創的制度。是一種與DO產區平行，由一家獨立酒莊擁有類似DO產區身分的等級。此酒莊的葡萄園必須具獨特條件，具國際水準的種植和釀造技術，釀成的酒品質優秀且具知名度和聲譽的酒。此等級不限定是否位於法定產區內，所以可讓一些不位在DO產區範圍內、原屬於Vino de la Tierra等級的優秀酒莊，也能有類似DO產區的身分。目前已有七家酒莊列級，但全集中在卡斯提亞－拉曼恰（Castilla La Mancha）和那瓦拉（Navarra）兩個自治區內。（見229頁Vinos de Pago）

VINOS DE CALIDAD CON INDICACIÓN GEOGRÁFICA

這是一個目前只存在卡斯提亞－萊昂（Castilla y León）自治區內的等級。雖屬於VCPRD等級，但比較像是從Vino da la Tierra升級成為DO等級的過度階段，需經至少五年的觀察才有可能升級。目前西班牙只有薩莫拉省（Zamora）北部的Los Valles de Benavente和塞哥維亞省（Segovia）的Valtienda兩個產區。（2009年底新增安達魯西亞的Granada產區）

在日常餐酒的部分，分為兩級，等級較高的為地區餐酒：Vino de la Tierra（加泰隆尼亞語為Vi de la Terra），其他的則為日常餐酒，標示為Vino de Mesa或加泰隆尼亞語的Vi de Taula。

VINO DE LA TIERRA

約等同於法國的Vin de Pays，跟DO產區相比，生產的規定少，標準較低。產區亦相當多，有範圍廣及整個自治區的，如Vino de la Tierra Castilla y León。也有範圍較小的特殊區域，如Asturias自治區的Vino de la Tierra Cangas。

VINO DE MESA

最基本等級的西班牙葡萄酒。通常不能標示產區和年分。

在西班牙有許多產區，會針對葡萄酒熟成時間的長短在標籤上做不同的標示。這些標示在過去可能被視為等級的區分，熟成時間越久的通常等級越高，但現在這樣的邏輯已不再全然有效。

最年輕的酒稱為Joven，或是Cosecha，通常都是沒有經過橡木桶培養、釀成後數月就裝瓶上市的年輕酒款。Crianza指經多年培養的優質紅酒，各產區的規定不同，通常是兩年以上，包括一年橡木桶及一年瓶中培養。Reserva則指經一年以上橡木桶和兩年以上瓶中培養的優質紅酒，若是粉紅酒或白酒則只要兩年就可以，但必須有六個月的橡木桶培養。Gran Reserva指經兩年以上橡木桶和三年以上瓶中培養的優質紅酒，若是粉紅酒或白酒則只要四年，須有六個月的橡木桶培養，但已很少酒莊生產Gran Reserva等級的白酒跟粉紅酒。

西班牙 DOCA/DO/VINOS DE PAGO/ VINOS DE CALIDAD產區

DOCA/DOQ (VINOS CON DENOMINACIÓN DE ORIGEN CALIFICADA)

DOCa Priorato / Priorat (Catalunya)

DOCa Rioja (La Rioja)

DO (DENOMINATIÓN DE ORIGEN)

DO Abona (Canarias)

DO Alella (Catalunya)

DO Alicante (Valencia)

DO Almansa (Castilla-La Mancha)

DO Ampurdán-Costa Brava (Baleares)

DO Arlanza (Castilla y León)

DO Arribes (Castilla y León)

DO Bierzo (Castilla y León)

DO Binissalem-Mallorca

DO Bullas (Murcía)

DO Calatayud (Aragón)

DO Campo de Borja (Aragón)

DO Cariñena (Aragón)

DO Cataluña/Catalunya (Catalunya)

DO Cava (Catalunya/Valencia/ La Rioja/Aragón/Extremadura)

DO Chacolí de Alava-Arabako Txakolina (Euskadi)

DO Chacoli de Getaria-Getariako Txakolina(Euskadi)

DO Chacoli de Vizgaya-Bizkaiko Txakolina(Euskadi)

DO Cigales (Castilla y León)

DO Conca de Barberà (Catalunya)

DO Condado de Huelva (Andalucía)

DO Costers del Segre (Catalunya)

DO El Hierro (Canarias)

DO Gran Canaría (Canarias)

DO Jerez-Xérès-Sherry (Andalucía)

DO Jumilla (Murcía)

DO La Gomera (Canarias)

DO La Mancha (Castilla-La Mancha)

DO La Palma (Canarias)

DO Lanzarote (Canarias)

DO Málaga-Sierra de Málaga (Andalucía)

DO Manchuela (Castilla-La Mancha)

DO Manzanilla Sanlúcar de Barrameda

DO Méntrida (Castilla-La Mancha)

DO Mondéjar (Castilla-La Mancha)

DO Monstant (Catalunya)

DO Monte Lentiscal (Canarias)

DO Monterrei (Galicia)

DO Montilla-Moriles (Andalucía)

DO Navarra (Navarra)

DO Penedès (Catalunya)

DO Pla de Bages (Catalunya)

DO Pla Llevant (Baleares)

DO Rias Baixas (Galicia)

DO Ribeira Sacra (Galicia)

DO Ribeiro (Galicia)

DO Ribera del Duero (Castilla y León)

DO Ribera del Guadiana (Extremadura)

DO Ribera del Júcar (Castilla-La Mancha)

DO Rueda (Castilla y León)

DO Somontano (Aragón)

DO Tacoronte-Acentejo (Canarias)

DO Tarragona (Catalunya)

DO Terra Alta (Catalunya)

DO Tierra de León (Castilla y León)

DO Tierra de Vino de Zamora (Castilla y León)

DO Toro (Castilla y León)

DO Uclés (Castilla-La Mancha)

DO Utiel-Requena (Valencia)

DO Valdeorras (Galicia)

DO Valdepeñas (Castilla-La Mancha)

DO Valencia (Valencia)

DO Valle de Güimar (Canarias)

DO Valle de la Orotava (Canarias)

DO Vino de Madrid (Madrid)

DO Ycoden-Daute-Isora (Canarias)

DO Yecla (Murcía)

VINOS DE PAGO

DO Dehesa del Carrizal (Castilla-La Mancha)

DO Dominio de Valpusa (Castilla-La Mancha)

DO Finca Élez (Castilla-La Mancha)

DO Guijoso (Castilla-La Mancha)

DO Otazu (Navarra)

DO Prado de Irache (Navarra)

DO Señorío de Arinzano (Navarra)

VINOS DE CALIDAD CON INDICACIÓN GEOGRÁFICA

Los Valles de Benavente (Castilla y León)

Valtienda (Castilla y León)

Granada (Andalucía)

常見用語

aperitivo　開胃酒

barrica　橡木桶

bodega　酒廠／地窖／葡萄酒店

bodeguero　釀酒師

botella　瓶

brut　氣泡酒的甜度標示，每公升含0到15克的糖分。

brut nature 氣泡酒的甜度標示，每公升含0到6克的糖分。

carta de vino　葡萄酒單

cata de vino　葡萄酒品嘗

cava　以傳統法釀造的氣泡酒

cepa　葡萄樹

cepa vieja　老樹

cooperativa viticola　釀酒合作社

copa de vino　葡萄酒杯

corcho　軟木塞

cosecha　年分

cosechero　葡萄農

crianza（con crianza）　指經多年培養的優質紅酒，各產區的規定不同，通常是兩年以上培養

Denominatión de Origen　法定產區等級葡萄酒（DO）

Denominatión de origen calificata　西班牙最高等級的葡萄酒，縮寫成DOCa。

dulce　甜型

embotellado　裝瓶

enología　釀酒學

espumoso　氣泡酒

fermentación　發酵

finca　莊園

gran reserve　指經兩年以上橡木桶和三年以上瓶中培養的優質紅酒，若是粉紅酒或白酒則只要四年，須有六個月的橡木桶培養。

lía　死掉的酵母

medio botella　半瓶

pago　葡萄莊園

pasa　葡萄乾

racimo　葡萄串

reserve　指經一年以上橡木桶和兩年以上瓶中培養的優質紅酒，若是粉紅酒或白酒則只要兩年就可以，但必須有六個月的橡木桶培養

roble　橡木／橡木桶

rosado　粉紅酒

sacacorcho　開瓶器

seco　干型葡萄酒，不含糖分

semi-seco　半干型

sin crianza　沒有經過橡木桶培養的葡萄酒

summiller　餐廳葡萄酒侍

tapa de rosca　金屬旋蓋

tienda de vino　葡萄酒店

uva　葡萄

varietate　品種

vendimia　年分／採收

vendimia tardía　遲摘

vid　葡萄樹

viña, viñedo　葡萄園

vino blanco　白葡萄酒

vino de la casa　house wine

vino dulce natural　加烈甜酒

vino naturalmente dulce　非加烈甜酒

vino generoso　加烈酒

vino joven　新鮮飲用的葡萄酒

vino rancio　陳年加烈酒

vino rosado　粉紅酒

vino tinto　紅葡萄酒

vino　葡萄酒

viticultura　葡萄種植

名詞索引

台灣西班牙葡萄酒進口商與代理品牌

▌大潤發
- Loxarel (Penedès)
- Ribera del Duraton (VdlT)
- Roqueta (Catalunya)

▌大樂
- Bodegas Luis Gurpegui Muga(Rioja)

▌三商行
- Freixenet (Cava)

▌心世紀
- Emilio Lustau (Jerez)

▌月光流域
- Pago de la Jaraba (La Mancha)

▌立昇洋行
- Altanza (Rioja)
- Surco (Ribera del Duero)

▌台灣集安
- Bodegas La Purísma (Yecla)

▌吉珍屋
- Miguel Calatayud (Valdepeña)

▌台得興業
- Agricola Falset-Marça (Montsant)
- Finca Elez (Vino de Pago)

▌台灣金醇
- Luan (VdlT)

▌交響樂
- Acústic Celler (Montsant)
- Castell del Remei (Costers del Serge)
- Clos Figueras (Priorat)
- Mas Martinet (Priorat)
- Europvin-Falset (Montsant)
- Rotlan Torra (Priorat)
- Vall-Llach (Priorat)
- Emilio Lustau (Jerez)
- Aalto (Ribera del Duero)
- J. C. Conde (Ribera del Duero)
- Félix Callejo(Ribera del Duero)
- Mauro (VdlT)
- Maurodos (Toro)
- Numanthia (Toro)
- Pérez Pascuas (Ribera del Duero)
- Viña Villabuena (Toro)
- Finca Villacreces (Ribera del Duero)
- Castaño (Yecla)

- Izadi (Rioja)
- Finca Allende (Rioja)
- Orben (Rioja)
- Bodegas Lan (Rioja)
- Santiago Ruiz (Rias Baixas)

▌好市多
- Casa de la Ermita (Jumilla)
- Cameron Hughes (Campo de Boja)

▌亨信
- El Coto (Rioja)
- Barón de Ley (Rioja)
- Maximo (VdlT)

▌東順興
- Viñas del Vero (Somontano)
- Viñapeña (VdlT)

▌法蘭絲
- Torres (Penedès/Catalunya/Conca de Barberà)
- Jean León (Penedès)

▌東遠國際
- Osborne (Jerez)

▌金悅國際
- Cherubino Valsangiacomo (Valencía)

▌長榮
- Muga (Rioja)
- Tinto Pesquera (Ribera del Duero)（即將上市）
- Condado de Haza(Ribera del Duero)（即將上市）
- Vicente Gandía Pla (Valencia)

▌威廉彼特
- Alvaro Palacios (Priorat)
- Palacios Remondo (Rioja)
- Descendientes de J. Palacios (Bierzo)

▌保樂力加
- Campo Viejo (Rioja)

▌星坊
- Vega Sicilia (Ribera del Duero)
- Alión (Ribera del duero)
- Pintia (Toro)
- Faustino (Rioja)

▌美多客
- Marqués de Murrieta (Rioja)
- Marqués de Riscal (Rioja)
- Pazo de Barrantes (Rias Baixas)

▌家樂福
- San Isidro (Jumilla)
- Juan Ramón Lozano (La Mancha)
- Carrefour (Rioja/Cava/Ribera del Duero)
- Dominio de la Fuente (La Mancha)

▌夏朵
- Jané Ventura (Penedès)
- Bodegas y Viñedos de Murcia (Jumilla)

▌泰德利
- Felix Solis (Valdepeña)
- Pagos del Rey (Rioja/Ribera del Duero/ Rueda/Toro)

▌酒之最
- Marqués de Cáceres (Rioja)
- San Alejandro (Calatayud)

▌酒堡
- Artadi (Rioja)
- Artazuri (Navarra)
- El Sequé (Alicante)
- Clos Mogador (Priorat)
- Raices (Yecla/Calatayud/VdM)

▌泰豐貿易
- Fontana (La Mancha)

▌常瑞
- Bodegas Lan (Rioja)

▌陸海洋行
- Bodegas Enguera (Valencia)
- O. Fournier (Ribera del Duero)

▌黑松
- Bocopa (Alicante)

▌開普洋酒
- Castillo Alonso (VdlT)

▌戡緹國際
- Bodegas Peñafiel (Ribera del Duero)

▌琺琦國際
- Nuestra Señora de la Cabeza (La Mancha / Ribera del Jucar)

▌湘誠國際
- Celler Piñol (Terra Alta)
- Aragonesas (Campo de Boja)
- Berceo (Rioja)
- Marco Real (Navarra)
- Valduero (Ribera del Duero)

▌瑛煥國際
- Hidalgo-La Gitana

▌誠品
- Remirez de Ganuza (Rioja)

▌毅欣
- Cavas del Ampurdán (Vino Espumoso)

▌福瑞麥斯
- Olcaviana (VdlT)

▌萬樂事
- Juan Gil (Jumilla)
- Can Blau (Montsant)
- Ateca (Calatayud)
- Masía L'Hereu (Penedès)
- Vinícola la Viña (Valencia)

▌樂索門
- Legado Munoz (VdlT)
- Luis Canas (Rioja)

▌德記洋行
- J. Gracía Carrion (La Mancha / Rioja)

▌歐孚生醫
- Martínez Yebra (Bierzo)
- Zeta (Navarra/VdlT)

▌廣紘國際
- Cordoníu

▌橡木桶
- González Byass (Jerez)
- Beronia (Rioja)
- Finca Constancia (VdlT)

▌聯合戴氏國際
- Arzuaga Navarro (Ribera del Duero)

▌豐聖洋酒
- Bodegas Franco – Espanolas (Rioja)

▌儷泉實業
- Entrecepas (Rioja)
- Palacio Villachica (Toro)
- Irius (Somontano)

271

國家圖書館出版品預行編目資料

西班牙葡萄酒／林裕森著. ──初版. ──
台北市：積木文化出版：家庭傳媒城邦公司發行，
民98.11　272面；17×23公分. ──（飲饌風流；32）
ISBN 978-986-6595-29-5（平裝）
1. 葡萄酒 2. 西班牙
463.814　　　　　　　　　　　　　　98011689

飲饌風流　32

西班牙葡萄酒

作　　者	林裕森
責任編輯	劉美欽
校　　對	林裕森、劉美欽

發 行 人	涂玉雲
總 編 輯	蔣豐雯
副總編輯	劉美欽
行銷業務	黃明雪、陳志峰
法律顧問	台英國際商務法律事務所　羅明通律師
出　　版	積木文化
	台北市100中正區信義路二段213號11樓
	電話：(02)23560933　　傳眞：(02)23979992
	官方部落格：http://cubepress.pixnet.net/blog
	讀者服務信箱：service_cube@hmg.com.tw
發　　行	英屬蓋曼群島商家庭傳媒股份有限公司城邦分公司
	台北市民生東路二段141號2樓
	讀者服務專線：(02)25007718-9　　24小時傳眞專線：(02)25001990-1
	服務時間：周一至周五上午09:30-12:00、下午13:30-17:00
	郵撥：19863813　　戶名：書虫股份有限公司
	網站：城邦讀書花園　網址：http://www.cite.com.tw
香港發行所	城邦（香港）出版集團有限公司
	香港灣仔駱克道193號東超商業中心1樓
	電話：852-25086231　　傳眞：852-25789337
	電子信箱：hkcite@biznetvigator.com
馬新發行所	城邦（馬新）出版集團
	Cité (M) Sdn. Bhd. (458372U)
	11, Jalan 30D/146, Desa Tasik, Sungai Besi,
	57000 Kuala Lumpur, Malaysia.
	電話：603-90563833　　傳眞：603-90562833

美術設計	吳雅惠
製　　版	上晴彩色印刷製版有限公司
印　　刷	東海印刷事業股份有限公司

2009年（民98）11月5日初版　　　　　　　　Printed in Taiwan.

ＩＳＢＮ　　978-986-6595-29-5
售　　價　　480元